地域を支える「農企業」

農業経営がつなぐ未来

小田滋晃
横田茂永
川﨑訓昭
編著

昭和堂

はじめに

京都大学で8年間続いてきた農林中央金庫寄附講座「次世代を担う農企業戦略論講座」であるが、2019年度をもって終了することとなった。私たちの研究・教育・普及活動を支えてくださった農林中央金庫、本書の出版に携わっていただいた昭和堂、また調査を受け入れていただいた農企業や地域の方々、その他関係していただいた多くの皆様に深く感謝する次第である。

農林中央金庫寄付講座では、伝統的家族経営から企業的経営まで多様な形態をもち健全に農業を実践する農業経営体である「農企業」、とくにその中でも先進的経営体を対象として、理論的、実証的研究を続けてきたが、到達点はまだまだ遠く、道半ばの感はある。しかしながら当寄附講座の総括の意味も含めて、当寄附講座および当寄附講座と密接に連携して研究を進めてきた研究者・実務者の方々の本年度の成果を本書にまとめさせてもらうこととなった。

本書の各章は、国内から海外まで、また6次産業化、外国人技能実習生、生態系の問題まで幅広いテーマを取り上げているが、これまでのシリーズ同様に「地域」に着目し、経営体の評価指標を生産力や収益・利益の高さだけではなく、地域との関係の中でとらえている。執筆者それぞれが多角的視角から「地域」をテーマとして、それぞれの課題を明らかにしていることを読者の皆様にも読み取っていただきたい。

また、グローバリズムとローカリズムは対立概念というだけでなく、同時に存在しているものでもある。現代社会での地域の再評価は、コーヒーの中にミルクを入れるように混ざり合い、新しい世界をつくることにつながるだろう。本書の研究成果が、これに貢献するものであることを信じたい。

「第Ⅰ部　農企業の変貌と地域へのひろがり」では、旧来からの農業者、農業法人に焦点を当て、新規参入支援と農地等農業生産諸資源の保全・再生について冒頭で紹介しつつ、一方で近年増加しつつある新たな主体としての一般企業の農業参入、あるいは外国人技能実習生にも目を向けた。また、6次産業化の先端ともいえるワイン産業の展開から外国人の雇用というテーマまで、多様な農企業の姿を掘り起こしている。

「第Ⅱ部　農企業と地域社会との輪の拡大」では、都市と農村の交流、6次産業化における地域資源や支援体制との関係という農企業と地域との関係の多様性を捉えている。また、第三者認証を受けた国際的な有機農産物流通が進展しつつある中で、環境への配慮というあらゆる産業で欠かせなくなっているキーワードを土台としたツシマヤマネコと地域農業の共生、古くて新しい切り口としてのＣＳＡや産消提携、参加型認証制度という地域との関係に根差した有機農業の取り組みもここに掲載した。

「第Ⅲ部　海外の農企業の地域とのかかわり」では、タイにおける園芸農産物流通網、中国内モンゴルにおける酪農クラスター、フランスにおける連帯経済とソーシャルメディアという形で、海外の農企業を題材としているが、その内容は農企業の活躍にとどまらず社会制度の構築・改革にまで、分析・考察を広げている。

本書の各章は、全体として必ずしも整然と体系づけられているわけではないが、アイデンティティとしての

「地域」という概念を強く打ち出したものであることは理解してほしい。また、各々が持つ新規性は、新たな知識と今後のさらなる研究へのヒントを与えてくれるものであり、農業経営という分野を学ぶための副読本としても役立つことが期待される。

本寄附講座は終了となるが、「地域」が持つ奥深さは、今後も研究を続けていくのにふさわしいテーマである。本書の執筆者に限らず、多くの研究者に多角的な分析・考察をしていただくことで、研究が発展することを望む次第である。

小田 滋晃・横田 茂永・川﨑 訓昭

地域を支える「農企業」

——農業経営がつなぐ未来

目次

第Ⅲ部　海外の農企業の地域とのかかわり

第Ⅰ部 農企業の変貌と地域へのひろがり

第1章 農企業による地域の農業生産諸資源の保全・再生
――人と農地に焦点を当てて

小田 滋晃
横田 茂永
川﨑 訓昭

本章のキーワード ▼▼▼ 農業生産諸資源／耕作放棄地／農地と荒廃農地／担い手と新規就農／新規参入者

1 本章における課題

冒頭となるこの章では、人と農地に焦点を当てて、農業にとって重要な2つの資源の保全・再生に対して「農企業」が果たしてきた役割について分析・考察を行う(1)。

ここでいう「農業生産諸資源」は、農地とともに、農地の維持に関係する山林や水系等の周辺環境も含んだ意味で使用しているが、それら周辺環境の衰退は農地の荒廃と同時並行している。日本の農地は長期的に減少傾向にあるが、その原因として近年注目されているのが、耕作放棄地の増加である。耕作放棄地の研究については、その発生要因についての計量分析や新たな担い手と結びつけた耕作放棄地解消の実証分析が行われてきた。計量分析では、川島（2016）が耕作放棄地の抑制策として、農地貸借等の市場取引によるもの以外に、寄合等の集落内での協議などがあり、どちらも限定的ではあるが一定の効果を持つとしている。また、実証分析では、渋谷（2009）が一般企業の農業参入の研究から、耕作放棄地解消には土木系の農業参入が有効であることを指摘している。

本章では、前者で指摘された地域の影響をふまえつつ、また後者で指摘された土木系の農業参入が有効であることは認めながらも、より広いタイプの担い手が耕作放棄地解消に寄与することを想定した上で、耕作者と農地の結びつきが耕作放棄地解消の要であるという視点から課題を設定した。具体的には、就農支援主体である山梨フルーツライン及びマルニ、信州うえだファーム、東御市、かみなか農楽舎およびその支援を受けた研修生や新規参入者、独自にボランティアを活用した新規参入を果たしたカタシモ・ワインフーズへの実態調査に基づいて、担い手の確保・育成と農地保全・再生を関連付けた理念的モデルを提示しながら、その駆動メカニズムを明らかにする。

2　農企業による取り組み

（1）農企業による保全・再生活動

本書で取り扱う「農企業」はこれまでの「農業経営の未来戦略」シリーズや「次世代型農業の針路」シリーズで説明してきたように、伝統的な意味での家族農業経営から集落営農に代表される組織農業経営体、先進的な企業的農業経営体の総称であり、農業生産及び地域の農業生産諸資源を次世代へと繋いでいく農業経営体を指す。

この「農企業」には、地域社会から以下の5つが期待されている。第1に、地域の先進的・先駆的農業を担うリーディングファームとしての期待である。第2に、研修生やインターンシップ生などの受入も含め、次世代のわが国農業を担う人材育成への期待である。第3に、地域農業への先進的技術の普及や社会的貢献活動への期待である。第4に、六次産業化などの事業を主導することによる地域農産物の付加価値向上への期待である。第5に、地域での雇用創出への期待である。第6に、それらを通じての地域経済活性化の可能性への期待である。そして、最後に、農地を含む地域の農業生産諸資源を保全・再生できる地域主体としての期待である。

本節では、「農企業」が地域の農業生産諸資源の保全・再生を図るとき、問題となる経営戦略の立案について考えてみることとする。ここで、「戦略」とは「一定のガバナンス下にある経営体が持つ、将来に向けての方向性や目標の達成に関連する資源の望ましい配分やその「あり様」および利活用の方法」とする。経営戦略の立案の際に、検討すべき点として、立案の順に従い、以下の5点が指摘できる。

第1に、まずどのような事業を行うか、あるいはどのような事業に参入するか、ということが基本となる。第2に、その事業を実施するための経営体としてどのような形態が望ましいかを吟味することである。そこでは、その事業にどれだけの労働力や資金、知財などの資源を投入するのが望ましいか、を決定する必要がある。第3に、その事業を実施する場合、経営全体の目標（ビジョン）と使命（ミッション）を、どのように設定するかである。このことは、社会において、経営が存在する理由・役割（具体的には誰にどんな価値を提供するのか）とも深くかかわっている。第4に、事業を実施する場合、経営内部で行う部分と経営の外へアウトソーシングする部分との線引きをどうするか、という実施領域の設定である。第5に、地域内や地域外の関連主体との連携、ネットワークの形成をどのように考え、そのために、どういった関係性を構築していくのか、という関係性の構築である。

(2) 農業生産諸資源の保全・再生の施策の方向性

ここでは、農地と人に対する国の施策を簡単に整理しておく。農地については、荒廃が進んでいることから、耕作放棄地再生利用緊急対策（耕作放棄地再生利用交付金（基金））が行われた（平成30年度は荒廃農地等利活用促進交付金に移行）。内容は、平成21年度～30年度を事業期間とし、国→都道府県協議会→地域協議会→取組主体へと交付金が流れる仕組みである。事業概要は、荒廃農地を引き受けて作物生産を再開する農業者、農地中間管理機構、農業者組織、農業へ参入する法人等が行う再生作業や土壌改良、作付け・加工・販売の試行、必要な施設の整備等の取り組みを総合的に支援するというものであった。

人については、就農前後の経済的支援として、農業次世代人材投資資金（旧青年就農給付金）と農の雇用事業が主要な役割を果たしている。また、認定新規就農者制度ができたことは、制度面で支援対象となる新規就農者の明確化や、新規就農者の担い手としての位置づけに大きく貢献した。これらは、原則45歳未満（平成31年度から農業次世代人材投資資金と農の雇用事業については原則50歳未満に変更）を対象としていたことから、就農の高齢化を食い止める役割も果たしていたといえる。

また、農業次世代人材投資資金や農の雇用事業だけでは、経営開始に伴う資金面での需要を満たせるわけではないことから、無利子融資の青年等就農資金（認定新規就農者）や融資残への補助金交付を行う経営体育成支援事業（地域の中核経営体）の役割が欠かせない。これら主要な施策は、人と技術と資金を結びつけるものとなっている。

3　農業生産諸資源の育成・定着

（1）農業への参入希望者

農業への参入希望者の志向が、専業農家として営農に専念することばかりとは限らない。既存の農家でも兼業農家が多数を占めているように、農業とそれ以外の部門や生活を組み合わせた様々なバリエーションが存在する。

異業種の企業等とコラボレーションを試みる者もあれば、自らの事業に農業以外の部門を取り入れているケースもあり、それについても半農半Xから農村生活の中での趣味の農業や家庭菜園の延長などその程度も異なる。また、カタシモワイナリーの例では、ワインブドウ栽培やワイナリーの活動にボランティアとして関わる中で、農的な価値を実現していく非農家の人々の姿が見られる。

（2）希望者を農に誘う入り口

農業への参入希望者が初期に相談するための窓口としては、全国と都道府県段階に設置されている新規就農相談センターや主要な都市で開催される新・農業人フェアが大きな役割を果たしている。新・農業人フェア以外にも地方自治体が独自に説明会等のイベントを開催することがある他、農業高校、道府県農業大学校、農業専門学校等が所属する学生の就農を支援・あっせんするケースもみられる。

相談前に農業に興味を持つきっかけとしては、書籍・雑誌やテレビをはじめとするマス・メディアからの情報、近年ではとりわけインターネットのウェイトが高くなっていることが考えられる。民間や行政等のホームページの整備も著しく、情報を得るだけに終わらず、それを介して直接相談に至るケースも聞かれるようになった。大学等で行われる先進的農業経営体でのインターンシップ、生協や流通業者が主催する農家の見学会、地方自治体や民間が企画する農業体験・短期研修などへの参加も入口としての効果が期待されるものとなっている。

(3) 参入希望者の受け入れと初期支援

農業への参入希望者を受け入れる主体としては、行政機関の末端としての市町村や市町村公社（あるいは第三セクター）、農業サイドの組織としての農協（JA）や農協（JA）出資法人、民間の農業経営体が主要なものとなる。

新規就農者、とくに新規参入者は経営資源（農地、資金、技術、販路など）と生活資源（住宅等）の取得が必須である。資金については、事前に自己資金の準備を始めておくことになるが、直接の就農に向けたスタートは研修（座学、実習、農村生活）から始まることが多い。支援主体となる窓口を通じて、研修場所を選択し、研修を開始することになるが、この際に雇用者として働くことで、給与をもらいながら事実上の研修を実施するケースもみられる。

農地は、その確保により営農開始となることから就農時における第1の重要事項である。既存農地・造成地・再生地等農地の斡旋・確保は、研修時点から就農時に向けて行われるが、研修先を中心に情報収集・あっせんが行われることもある。その後も適正な経営ができるように農地の集積・集約を進める必要がある。それだけではなく、経営を安定させるためには、農業生産資材（苗木等）や労働力（定植や収穫など）も確保していかなければならず、ここにも研修先を中心とする農業生産資材の確保・提供や農作業のサポートの支援策が整備されているかどうかが大きく関わってくることになる。生活資源では、とくに住宅の確保が最低限必要であり、就農住宅の建設・提供や空き家のあっせんなどが行われている場合もある。これらの支援をさらに下支えするのが、国や自治体等の各種支援制度であり、農業次世代人材投資資金や農の雇用事業等が活用されている。

（４）参入者の定着とその持続化

農業経営を安定させていくためには、就農時の課題である農地、資金、技術を取得したことに終わらず、その後も拡大・向上させていく必要がある。技術面では、生産物の質と量をアップさせ、収量を安定的に確保していくための努力が必要であるが、同時に販路の確保と拡大が大きな懸案事項となる。販路は行政が支援しづらい課題であり、ＪＡや民間の力に大きく依存せざるを得ないが、これがなければ、経営主体の所得の安定化・持続化も実現できないことになる。

その上で、農業においては、農村が職場であるとともに生活空間であることも忘れてはならない。農村コミュニティの中で、自身の立ち位置の確保と役割分担が求められることになる。これは負担とばかりはいえず、小田ほか（２０１４）で指摘したように、他経営や他の地域主体とのネットワークを形成することで、その後の経営資源・生活資源の拡大、ひいては経営・所得の安定化につなげていくことができるのである。

4　農業者の育成・定着と農地の再生・保全

農地の荒廃は、土地条件（傾斜地・道路の有無・鳥獣害等）、収益条件（農産物価格の低迷、機械・資材のコスト増加等）、農地の所有条件（土地持ち非農家、離農、不在地主等）などにより加速するが、より決定的な要因となるのは耕作者の減少・高齢化である。

農業者の確保・育成・定着は、小田ほか（２０１３）で指摘したよう農地の保全・再生の原動力となるものである。その理由としては、既存の耕作地はすでに担い手がいて、新規参入者の入る余地がないことから、耕作放棄された農地を利用するしかないことによる。また、新規参入者は、既存の作目とは異なる作目を選択することがあり、既存の農地を引き継ぐことができないケースがあるからである。

ここでは、農業者の育成・定着が農地の再生・保全に寄与している成功事例について、その就農支援主体の特徴別に具体的事例を整理しておこう。

就農支援主体の類型別にみると、①農業生産法人等主導型の山梨フルーツライン及びマルニは、果実生産を行うとともに、フルーツラインで販売・加工、営農塾マルニで人材育成を実施している。マルニでは、耕作放棄地の再生を行い、研修生が独立就農するときにその農地で就農できるようにするシステムをつくっている。

②ＪＡ・ＪＡ出資法人型の信州うえだファームは、マルニ同様に耕作放棄地を再生し、研修生がその農地で独立就農できるシステムをつくっている。ＪＡ出資法人であることから、ＪＡを主な販路として紹介することになるが、近年取り組んでいるワインブドウでの就農については、既存のＪＡルートとは別の販路を必要とするため、新規就農者の自助努力に任されているところが大きい。同様にＪＡ信州うえだ管内にある③の東御市もまたワインブドウ栽培の新規就農支援をしつつも、販路確保を支援できない点では同様である。

同じく③行政型（公社、第三セクター含む）の福井県若狭町（設立当時は旧上中町）が出資母体となっているかみなか農楽舎は、新規参入者と親方となる地域の既存農家とが共同して法人をつくる（合同会社形態や株式会社形態）形式をとることで、スムーズな経営資源の取得を可能とするシステムを形成している。また、かみなか農楽舎では研修を終えた研修生を社員として雇用しており、地域の耕作放棄地の直接の受け皿にもなってきている。また、コンサルタント会社である株式会社類設計室にも出資してもらう形でかみなか農楽舎を設立したことで、販路開拓などにも独自の工夫がみられている。

新規参入に関する直接の支援には、①から③の主体が関わるとして、行政支援の及びづらい販路に着目したとき、旧来の農協ルート以外の流通ルートの存在が新規就農を促進するためには不可欠であり、民間の農業生産法人等がその仲介の役割を果たすだけではなく、直接的に別の農産物流通主体の存在が関係していくことが望まれる。また、もう一方の就農後の問題として労働力不足があげられる。雇用も選択肢の一つであるが、コストを考えたときボランティアの存在が欠かせない。カタシモ・ワインフーズにおけるボランティアを活用したワインブドウ栽培および販売が典型例となるが、ボランティアの活用が新規参入の重要な支援策となっている。

整理すると、就農支援、販路支援、労働力支援を受けながら新規参入が軌道に乗って行くとともに、農地の保全・再生の主体となる構図が描ける。もちろん新規参入者が条件のよい農地の権利取得をするケースがないわけではないが、多くの場合最初は条件の悪い農地が回されてくることになる。その意味で、新規参入者の支援が農業生産諸資源の保全・再生の最重要課題となりうるわけである。

5　農業生産諸資源の保全・再生の駆動メカニズム

前節で述べたように、新規参入者が否応なく耕作放棄された農地の再生に関与せざるを得ない現状から、新規参入者の支援こそが農業生産諸資源の保全・再生の出発点であり、その保全・再生の駆動メカニズムのエンジン部分になっていることがわかる。

ここでは、支援主体から見た第4節とは逆に新規参入者の視点から見た農地の保全・再生に向けたメカニズムについて整理しておこう。構成する要素としては、自然的条件をもとに、個別経営体の能力や技能・技術がまず位置付けられる。次に、その資質を開花するための努力と忍耐、それらを支える行政支援の受け入れも不可欠となる。さらに、地域ビジョンを共有する能力を有することで、これらの要素が好循環し、農地の保全・再生に向かうメカニズムが駆動することになる。

メカニズムには、就農希望者の努力・潜在力をもとに、受け入れ主体や支援のあり様が結びつき、その双方の土台には、地域・農村のあり様と地域特性の存在が欠かせない。その上で、農地の保全・再生メカニズムが実際に動き出すため、すなわち農業者と農地が結びつくためには、動機形成が必要である。農地の保全・再生の動機としては、個別経営の新たな展開として、規模拡大、新しい作目の導入、六次産業化、地域外の人々による価値創造、社会的貢献活動としての地域活性化、個人的事情・偶発的事情などがあげられる。いずれの理由であるかに関わらず、強い動機形成がなされたとき、このメカニズムが動き出す。

次に、農地を保全・再生することによって地域で生み出される特産的農産物や同加工品、アグリツーリズム等の持つ魅力を前もって評価する必要がある。その評価の上に立って、農地を再生し、その農地を持続的に保全、継承するためには、当該メカニズムの駆動主体となる個別経営体の財務基盤を持続性を持って安定化させる必要がある。ただし現時点では、実際の事例における具体的な個別経営体においては、まだ緒についたところといえ今後の展開に注視していく必要がある。既に、先駆的な経営体においては、当該地域の特性を活かし、既存の慣行的農業を営んでいる地域農家と連携することで販売やビジネスが容易となる方策を独自に考案しながら、財務基盤の安定化を達成している場合もある。

農地の保全・再生における先駆的な地域で、メカニズムを駆動する個々の経営体においては、その駆動の原動力となる動機形成と共にその動機を具体的な企てとして実現するために必要なアントレプレナーシップも重要な構成要素と考えられよう。そして、このメカニズムを明らかにすることは、日本全体にとって大きな教訓となるだけでなく、他の農産物における農地を中心とした農業生産諸資源の再生・保全・継承にとっても大きな示唆になりうる。

これまでの議論を集約すると、農地再生のメカニズムには、耕作放棄された農地の再生をも担う就農支援に加え、販路や労働力の支援体制を前提としつつも、新規参入者の存在が不可欠であることがわかった。すなわち農地再生のメカニズムを駆動させるためには、新規参入の誘因となるような地域あるいは地域農業が持つ魅力を発信するとともに、外部環境を取り入れた上で、主体的に営農を継続していく能力を持つような新規参入者を地域が門戸を開いて受け入れていく必要がある。

注

（1）本章は、『生物資源経済学研究』第25号、２０２０年3月をもとに再構成している。

引用文献

（1）川島滋和・鹿野秀一郎「耕作放棄地の発生要因と抑制効果に関する計量経済分析――東北地方の農業集落データを用いた分析」『農業経済研究』第88巻第3号、２０１６年、２８７～２９２頁。
（2）渋谷往男「地域中小建設業の農業参入における業種特性と営農形態についての考察――経営資源活用と耕作放棄地解消の

視点から」『農業経営研究』第47巻第1号、２００９年、88～93頁。
〔３〕小田滋晃・長命洋佑・川崎訓昭 編著『農業経営の未来戦略Ⅰ　動きはじめた「農企業」』昭和堂、２０１３年。
〔４〕小田滋晃・長命洋佑・川崎訓昭・坂本清彦 編著『農業経営の未来戦略Ⅱ　躍動する「農企業」　ガバナンスの潮流』昭和堂、２０１４年。

第2章 農企業と地域産業クラスター
――日本のブドウ産地を事例として

川﨑 訓昭

本章のキーワード ▼▼▼ 産業クラスター／日本産ワイン／創業者コンセプト

1 日本のワイナリーをとりまく事業環境

わが国のワイン消費量は、1998年をピークとして漸減傾向を示していたが、2009年以降2018年まで一貫して増加傾向（2018年は前年比104％）に転じており、果実酒の製造免許場数も増加傾向（2010年257製造所→2016年328製造所）を見せており、消費と生産の両面からワインへの関心が高まっている。その中でも目をひくのが、ワイナリーの相次ぐ新規設立である。その設立には2つのタイプが混在している。タイプⅠは「伝統的ブドウ産地立地型」ワイナリーと呼ばれ、山梨県・長野県・北海道のようなブドウ・ワイン産地として一定の規模と文化を備えている地域で設立されるワイナリーである。特に、近年設立が相次ぐ地域として、北海道の余市地域や長野県の千曲川地域が注目されている。このような地域では、ブドウ栽培とワイン醸造に関わる関連産業が地理的に集積し、競争しつつ同時に協力している状況を構築している。

タイプⅡは、ブドウ産地ではない地域において、創業者の出自やコンセプトにより設立されるワイナリーで、「創業者コンセプト立地型」ワイナリーと呼ばれる。このようなワイナリーが立地する地域では、ブドウ栽培やワイン醸造に関連した企業・機関の集積が進まず、タイプⅠとは異なる経営戦略が必要とされる。具体的には、ワインの製造・販売だけではなく、テイスティングルーム・レストランの併設やイベント開催によりワイナリーに人を呼び込む多様な事業を展開し、自社ワイナリーの認知度を高める経営行動である。この種類の事業は、伝統的なワイン産出国であるヨーロッパだけでなく、ワイン新興国でも取り組まれており、特に1990年代以降本格的に展開され、世界中で定着しているとされる（安田 2012）。

本章では、クラスターが形成されていると想定されるタイプⅠの「伝統的ブドウ産地立地型」ワイナリーに焦点を当て、伝統的なブドウ・ワイン産地である大阪府南大阪地域を事例として、日本のワイン産業クラスターの現状とその集積効果を明らかとすることを課題とする。まず、第2節では「クラスター」概念の確認とワイン関連産業のいくつかを紹介する。そのうえで、第3節で「伝統的ブドウ産地立地型」ワイナリーを取り巻く関連産業間の連携関係について、ポーターの分析枠組みをもとに分析を行い、日本のワイン産業クラスターを把握することとする。最後に、第4節でクラスターが形成されていない「創業者コンセプト立地型」ワイナリーを分析し、日本のワイン産業のさらなる裾野拡大に向けた動きを捉えることとする。

2　クラスター概念と日本のワイン関連産業

「クラスター」とは、マイケル・ポーターが定義するように(1)、「ある特定の分野に属し、相互に関連した、企業と機関からなる地理的に近接した集団であり、これらの企業と機関は、共通性や補完性によって結ばれている。…（中略）…たいていの場合は、最終製品あるいはサービスを生み出す企業、専門的な投入資源・部品・機器・サービスの供給業者、金融機関、関連産業に属する企業といった要素で構成される」集団と捉える。ポーターは、イタリアのレザーファッション・クラスターやカリフォルニアのワイン・クラスターを事例とし、①類似こと企業が集中して立地している状況を確認し、企業や機関の垂直的な連鎖を見ること、②類似企業との水平的な産業のつながりを見ること、③専門的なスキル・技術・情報・資本を提供する機関やクラスター参加者が所属する団体、参加者に相当な影響を与える政府やその他監督機関の役割を見ること、によって各企業・機関の事業活動に相乗効果が得られていることを示した。

本章ではポーターのこの3つの視点から、日本のワイン産業クラスターについて分析を行うこととするが、その前段階としてワインに関連した関連産業の現状について、いくつか言及しておこう。

（1）苗木供給業者

2015年頃から多くのメディアで、ワイン原料用ブドウの苗木不足が報道されているが、ワインの原料となる醸造用ブドウの苗木不足が、2019年現在でも深刻な問題である。その要因として大きく2つが指摘されている。

第一に、日本ワイン人気である。従来の国産ワインの定義は原料ブドウの産地に依拠していなかったため、新たに2015年10月30日に告示された、国税庁の日本ワイン表示ルール策定（2018年10月30日より適用）において、日本ワインに限り産地名、ブドウ品種、収穫年を表示することが可能となった。例えば、ラベルに「山梨」と記載するためには、山梨県産のぶどうを85％以上原料とし、山梨県内において発酵させ、かつ、容器詰めしたものでなければ「山梨」を表示する地理的表示を使用してはならないとされた。また、国内外のワイン品評会で高い評価を得るワインの多くが、国内で栽培したブドウを使ったワインであり、新規ワイナリーの設立や既存ワイナリーの新規ブドウ園開設が相次ぎ、苗木不足に繋がっている。

第二に、生食用のシャインマスカットのブームが挙げられる。生産者にとっては、多収量・高価格で着色の必要がなく外見を均一化することが容易等の要因、消費者にとっては食味が良い、種がない、手が汚れない等の要因が相まって栽培面積は急拡大を続けている。そのため、生食用ブドウの苗木は醸造用ブドウの倍近い価格（シャインマスカットで1本あたり約３０００円）で取引されており、多くの苗木業者が生食用の苗木に力点を置く傾向にある。

筆者のワイナリー経営者への聞き取り調査では、現在山梨県と山形県を中心に約40軒のブドウ苗木業者が確認できたが（２０１９年８月時点）、苗木生産者の高齢化と接ぎ木した苗木を育成する温室や圃場の確保に投資が必要なことから、その数は減少傾向にあり、新規での発注対応が可能な業者は20軒弱と捉えられる。

(2) ワイン醸造機械販売会社（醸機屋）

日本には、ワイン醸造用の機械（除梗破砕機、搾汁機、発酵・醸造タンク、濾過機など）を製造するメーカーがほぼ存在せず、海外からの輸入に依存している。そのため、海外からの輸送コストが高くつく上に、破損時のメンテナンスや補修部品の調達にも時間がかかるなどの問題を抱える。日本では、醸機屋と呼ばれるワインの醸造機械・設備を輸入・販売する会社が、各ワイナリーへの販売を行い海外からの輸送コストの低減を図るとともに、補修部品の一部を備え簡単なメンテナンス作業を実施している。

この醸機屋は、ワイナリーのプラントの設計から機械導入までを業務範囲とし、ワイン醸造に関わる醸造技術以外のあらゆる資材・ノウハウを提供している。ワイン醸造に用いる化学薬品（酵素・酵母・殺菌剤など）を各メーカーと直接取引することは価格の引き下げに効果的であるが、化学薬品メーカーと新規に直接取引を行う際には、その用途や保管方法などを詳細に説明する必要があり、特に新規の小規模なワイナリーにとって、その時間的・人的制約は高く、醸機屋の存在価値はその面でも高い。

（3）カスタム・クラッシュ（委託醸造）

ワイン産業では、引き受けたブドウからワインを委託醸造する「カスタム・クラッシュ」が広く行われている。特に、ブドウ生産者が自身のブドウを用いたワイン製造を希望する場合、カスタム・クラッシュを行っているワイナリーに醸造を委託する事例がしばしば見受けられる。

このカスタム・クラッシュには3つの効果があることが指摘できる。第1に、「ワイナリー開設に向けた試用効果」であり、将来自身でワイン製造を希望する場合、カスタム・クラッシュによっていったんワインを製造し、自身のブドウのポテンシャルを評価することが可能となる。第2に、「ワイナリーの収益改善効果」であり、ワインを醸造する作業料金を安定して回収できるため、特に経営基盤の脆弱な小規模ワイナリーにとって重要な収益源となる。第3に「経営資源の補完効果」であり、小中規模のワイナリーから大規模ワイナリーに、またはその逆のカスタム・クラッシュが行われており、他社の製造設備・装置や他社製造ワインを利用することで、自社の製品ラインアップの増加や、試作品の製造が可能となる。

海外では、瓶詰め、ラベリング、テイスティングルームでの試飲販売などさらに広範なサービスが行われており、これらは「カスタム・クラッシュ・オプション」と呼ばれる。例えば、瓶詰めでは、瓶詰め機が搭載されたトレーラーが各ワイナリーを回り、貯蔵タンクからワインを瓶詰めして、コルクを打ったワインを置いて

写真　（右）アメリカ・ナパのワイナリーを回る瓶詰トレーラー
（左）醸造受託したワインのテイスティング・サービスを提供するナパのワイナリー

帰るというスタイルが定着している。そのため、アメリカのナパやフランスのボルドーでは瓶詰め機を所有するワイナリーの割合は高くない。

3　ワイナリーの設立経緯と他主体との連携

3節では、まず伝統的ブドウ産地に立地している大阪府の飛鳥ワイン株式会社について、ポーターの分析枠組みをもとに分析を行い、日本のワイン産業クラスターの到達点を把握する。その上で、4節でブドウ産地ではない地域で奮闘する創業者コンセプト立地型ワイナリーを分析し、日本のワイン産業のさらなる拡大に向けた動きを捉えることとする。

タイプⅠ　伝統的ブドウ産地立地型（飛鳥ワイン株式会社）

飛鳥ワイン株式会社は、伝統的ブドウ産地である南大阪地域に立地している、年間醸造量80kℓの中規模ワイナリーである。飛鳥ワインの立地する羽曳野市は、大阪府内でも最大のブドウ産地であり、近隣には7軒のワイナリーがある。1968年からワインの製造を開始し、地域で栽培される生食用ブドウや、他地域産のワイン用品種ブドウ、国内大手ワイナリーのバルクワインを原料としたワインを中心に製造していたが、2000年より自社ブドウ園でのワイン用ブドウ品種の栽培を開始し、2003年以降はそのブドウを用いたワインを製造、販売している。ブドウの栽培方法の転換や土壌管理方法の改善、醸造技術の改良が継続的に行われ、2011年と2012年の国産ワインコンクールで賞を連続受賞するまでに酒質が向上している。

飛鳥ワインのワインは主に地域の酒販店を通じて販売される。酒販店の他には、道の駅やインターネットによる直販が行われており、2012年春には自社にサロンを開設し、テイスティングや買い物、イベントの開催が行われている。

2011年から地方自治体、JAと共同で「竹内街道ワインクラブ」事業を行っている。ワインクラブの会員は、①ワイン用品種ブドウの植付、栽培、収穫体験といった農作業体験、②醸造所見学、ワイン講習会を通じたワインに関する知識の習得ができる。また、大阪府も2018年に府立環境農林水産総合研究所に「ぶどう・ワインラボ」を設け、醸造データや風味成分の解析を行うほか、大阪の気候に適した醸造用ブドウの選抜を行っている。

以上の飛鳥ワインを取り巻く南大阪地域におけるワイン産業クラスターの全体像は、図1のように表されるが、ポーターの3つの視点に沿って順に分析していくことにする。

①「集中した類似企業の立地と垂直的な連鎖」について、飛鳥ワインが立地する河内地方は伝統的なブドウ産地であり、近隣に7軒のワイナリーが存在しているが、そのうち1軒は2010年に新規設立されている。新規ワイナリーの設立にあたっては、既存ワイナリーがブドウ栽培やワイン醸造の技術習得のための研修や、カスタム・クラッシュを行いブドウのポテンシャルの確認等を行い、円滑な新規設立を支援してきた。このように、長年にわたる栽培・醸造技術のお互いの切磋琢磨と新たな息吹の注ぎ込みにより、ブドウ・ワイン産地としての地位を築いてきた。

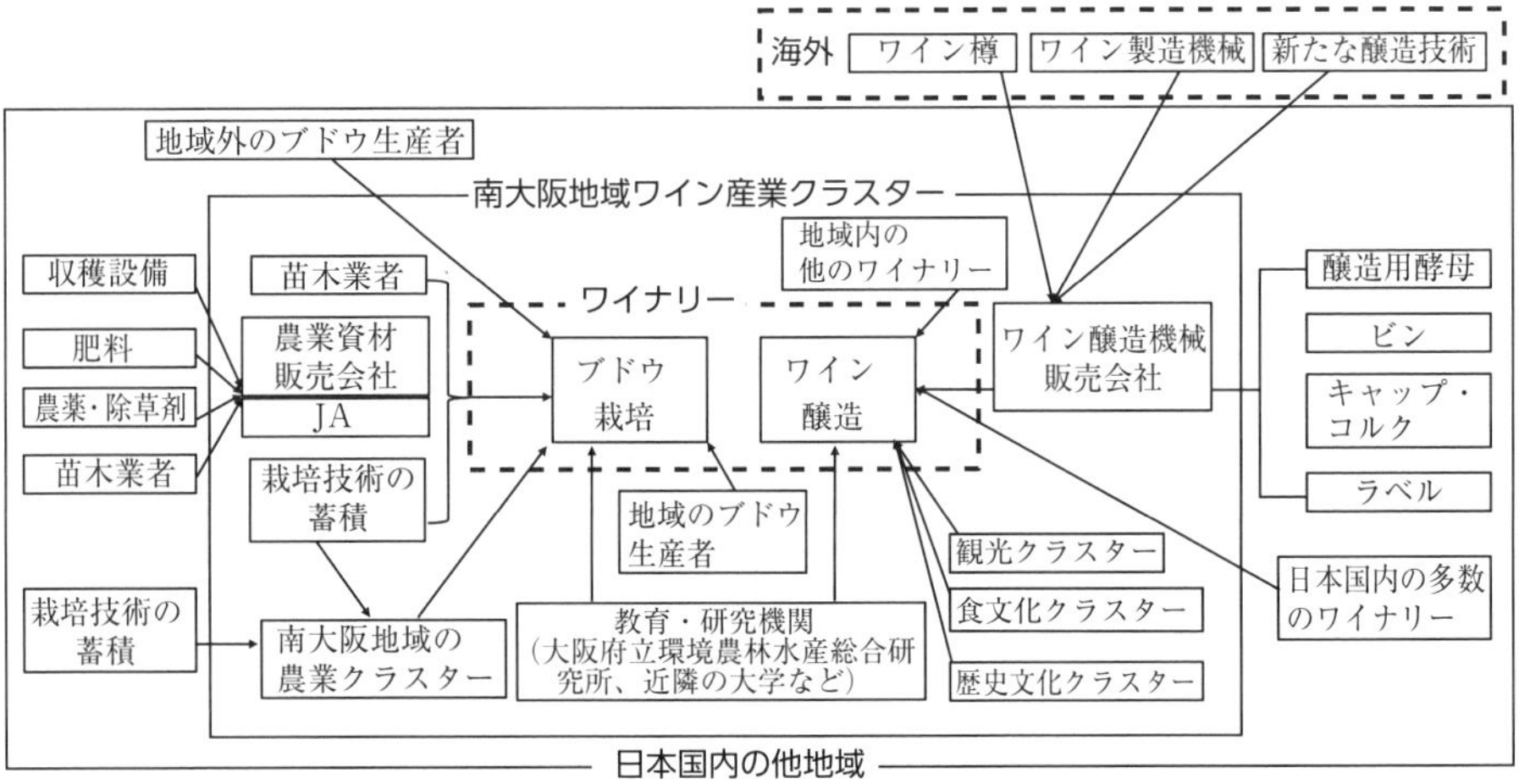

図１　南大阪地域のワイン産業クラスター
出所：ワイナリーへの聞き取り調査より筆者作成。

ブドウ栽培に関しては、歴史的にブドウ産地として立地してきたため、苗木業者が複数存在し、公的機関による栽培指導体制も確立されている。栽培に必要な生産資材の多くは地域外で生産されているが、地域にブドウ生産者が多くＪＡや農業資材販売会社の価格交渉力も高いことから、安定した価格での調達が可能となっている。

ワイン醸造に関しては、近隣に存在する醸機屋が国外から醸造機械や樽を輸入するとともに国内から包装資材や醸造に用いる化学薬品を取り揃えており、緊急のメンテナンス対応も可能となっている。また、醸造したワインを消費する観光クラスターや食文化クラスターとの連携も図られている。

このように、ワイナリーが集中して立地していることで新規参入者の受け入れ時の支援も容易となり、地域のワイン産業の活性化に繋がっている。また、地域内に多数のブドウ生産者とワイン製造者が存在していることで、地域外で生産される農業資材や醸造資材に対する価格交渉力が高まり、安定した価格での資材調達が可能となっている。

次に、②「類似企業との水平的なつながり」については、7つのワイナリーが「大阪ワイナリー協会」を設立し、地域のワイン消費者に向けて、ブドウやワインに関する講演会を開催し、地域の消費者にブドウ畑での作業体験やワイン文化を学習する機会を提供している。この取り組みは現在、関西の14ワイナリーに拡大し、「関西ワイナリー協会」の設立につながっている。

一方で、ワイン醸造をめぐる地域内の他のワイナリーとの連携については、醸造技術の意見交換は行われてはいるものの、カスタム・クラッシュの利用等は確認できなかった。これは、商標をめぐりワイナリー同士が争った負の歴史の影響もあるが、規模が同程度であることや既に山梨県や長野県のワイナリーと長年の取引関係を持つことが大きく影響している。

このように、伝統的ブドウ産地立地型ワイナリーでは、地域内の他のワイナリーと連携し地域内の景観・歴史資源・ブドウ畑を利用したブドウ畑での農作業体験やワイン講習会を開催し、地域住民がワイン文化を学習する機会を提供している。

最後に、③「専門的なスキル・技術を持つ機関や監督する機関の役割」については、竹内街道ワインクラブの事業を通じて、地元の地方自治体、ＪＡ、地域内の他のワイナリーのほか、ソムリエ、大学教授と連携している。その他、大阪府立農芸高校との連携による耕作放棄地対策を行うなど、連携による新しい取り組みも行われつつある。また、大阪府が認定する「大阪エコ農産物」認証の加工品第一号であり、農薬や化学肥料使用量の削減に取り組んでいる。これらの活動を通じて、飛鳥ワインの消費者への認知度が向上することとなり、２０１１年からは自社ブドウ園へのボランティア受け入れや地元の農芸高校と連携した高校生によるブドウ園での作業や再生活動、ワインショップ開設による直販事業も可能となっている。

以上のように、伝統的ブドウ産地立地型ワイナリーが集積するワイン産地で形成されるワイン・クラスターでは、ブドウ栽培に関わる苗木業者等の存在と資材の大量購入による高い価格交渉力が明らかとなった。次に、ワイン醸造に関しては、地域内での醸機屋の存在とワイン醸造技術が歴史的に蓄積されていることが明らかとなり、新規参入者の受け入れに繋がっていることが示された。また、多くのワイナリーが地域に共存しているため対立が発生する可能性ももちろん含まれているが、共通の目的を持った協会の設立も可能であり、公的な研究機関から研究対象となる機会も増加していた。最後に、ワイン産業を軸とした観光産業や外食産業との連携も見出され、広範な関連産業の集積とそれに関わる知の集積が進んでいることが明らかとなった。

4 日本のワイン産業の裾野拡大に向けて

タイプⅡ　創業者コンセプト立地型（丹波ワイン株式会社）

丹波ワイン株式会社は、京都府船井郡京丹波町にある年間醸造量500kℓの中規模ワイナリーである。創業者は電気機器メーカーの社長であり、「和食に合うワイン」をコンセプトとして1979年に新工場の横にワイナリーを建設した。

原料となるブドウは、当初デラウェアやベーリーAといった生食用ブドウを使用していたが、丹波町にはブドウ農家が少なく地域での調達は困難で、自社ブドウ園とJAを通じて長野県や山形県から調達していた。近年では、ワイン用ブドウの栽培に関心を持つ地域農家が2軒出て、苗木を渡す形でワイン用ブドウの栽培を依頼している。現在は、自社ブドウ園の拡大も進めており、原料ブドウに占める地域内産の割合を引き上げている。

ワイナリーツアーには専任の従業員がおり、ワインに関心を持つ消費者の受け入れも積極的に行っている。ワイナリーには併設のレストランとショップがあり、丹波地域の野菜を用いた料理を提供している。ワイン以外にも地元の野菜を使ったピクルスや丹波高原で飼育された豚を使用した自家製のソーセージやハムなどを自社で開発、販売している。また、月に1回、ワインハウスで音楽や車をテーマとしたイベントから収穫祭や地元食材等の地域密着型のイベントまで幅広い取り組みが行われている。

丹波ワインでは、苗木調達のための自社での接ぎ木培養や、ブドウ調達のために北海道で産地育成を行うなど、直面するブドウ栽培・ワイン醸造に関わる様々な問題に対応している。また、近年では醸機屋がオークションを主宰し、中古の醸造機械・設備のワイナリー間での融通を支援するなど、立地条件が不利益とならない取り組みも進められている。

このような対応策に加え、丹波ワインではコンサート、収穫祭、カーイベント等、多種多様なイベントに加えて、ワイナリーの専任スタッフによるワイナリー見学ツアーやレストランでのワイン講習会など、ワインに関するプログラムも多く実施している。また、地元農家や料理人とコラボレーションすることで、地元産農産物を利用した加工品や料理を提供する等、ワインを用いた地域資源の新しい活用方法を探索、開発することで、地域でのワイン文化の発信源としての役割を担っている。

このように、生食用ブドウ産地ではない地域に立地するワイナリーでは、ワインに関する講演会や食文化の紹介、イベントの開催などのプログラムを展開し、ワインを中心とした食文化や飲食業との連携、ミュージシャンやアーティストとの連携を軸にした経営展開が図られている。また、ワイナリーとして地域に存立し続けることによって、自社ブドウ畑の設立や、地域農家との連携による地元産農産物とのコラボレーションが可能になる等、ワイナリーに利活用可能な地域資源の開発も行っている。

ここで、周囲にワイナリーが存在しない条件下での新規ワイナリー設立における別の困難について、指摘しておこう。創業者コンセプト型で２００７年に同条件下で設立したワイナリーでの調査では、酒造免許の申請と交付にも困難をきたしたという。免許申請書には地域の自然的条件を考慮した単収データや醸造温度の記載が必要であるが、当該データが得られず多大な労力が必要とされており、ワイン・コンサルタントの育成が喫緊の課題とされる。また、交付認可を下す税務署でも同様の条件の場合、認可の判断基準のノウハウが少なく、認可に時間を要するという問題点が指摘される。

「創業者コンセプト型」ワイナリーは、新規参入が相次ぐ今日的日本型ワイナリーの一つの形態であるが、ワイナリー資源を利用してワイン消費者へワイン文化やワイナリーをアピールする方向（ワイン文化育成型事業）が経営の継続の鍵となると考えられる。ワイナリーが地域に存立し続けることで、地域との連携を進め、地元産農産物とワインがコラボレーションしたワイナリー・地域融合型プログラムの展開が可能となり、日本のワイン産業の裾野の拡大につながると考えられる。

［追記］本章は、「日本のワイン産業クラスターにおける連携」『農業と経済』第85巻第4号（２０１９年）を再構成したものである。

注

（１）Michael E. Porter,（1990）*The Competitive Advantage of Nations.*（邦訳『国の競争優位』土岐坤ほか訳、ダイヤモンド社、１９９２年）

参考文献

安田亘宏（２０１２）「日本のワインツーリズムに関する一考察」西武文理大学サービス経営学部研究紀要、第20号。

第3章

企業の農業参入が地域社会に与える影響
――アンケート調査にみる関係性の変化

新開　章司
飯田　海帆

本章のキーワード ▼▼▼ 企業の農業参入／地域との関係／受容プロセス／イノベーション

1　参入企業が地域に与える影響

２００３年に農地法の特例として構造改革特区において一般法人の農業への参入が認められ、さらに２００９年の農地法改正以降、企業の農業参入は全国で一貫して増加傾向にある（図１）。２０１８年末の時点で３２８６社が農地を利用して農業を営んでいる。しかし、農業を行う企業は農家数に比べると桁違いに少ないことも事実である（２０１９年の全国の販売農家数は１１３万戸）。今後、企業による農業経営が増加し、個人経営の農家に代わる存在となっていくのか、それとも一部の限定的な取り組みにとどまるのだろうか。

一般論として、農村社会には参入企業が農地を荒らしたり、安易に撤退したり、あるいは地域の秩序を乱すのではないかという「懸念」があり、企業の参入には消極的な側面がある。参入企業が農業をする場合、多くの場合において農地の確保（借地であっても）が必要であるが、企業に対して農地の提供がなければ、参入は

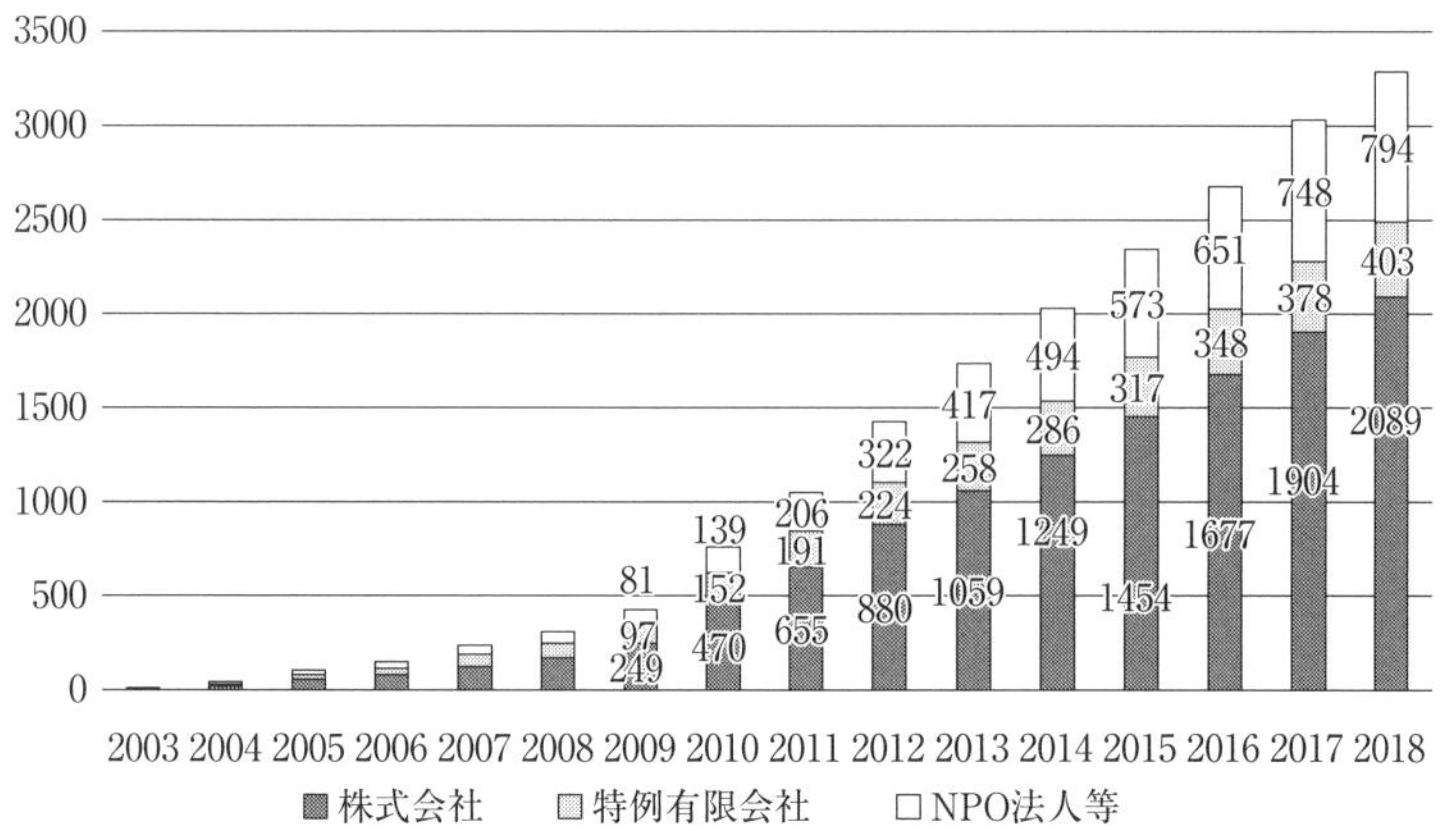

図１　農業に参入した一般法人数の推移

資料：農林水産省経営局
http://www.maff.go.jp/j/keiei/koukai/sannyu/attach/pdf/kigyou_sannyu-18.pdf

進まない。

しかし、参入企業は実際に農村社会に悪影響を及ぼしているのだろうか？　そこで、新開・原田（２０１６）は、企業による農業の成立条件を地域社会との関係に着目し、２０１４年に参入企業へのアンケートと事例調査を行った。調査結果によると、参入した企業の80・１％が地域との関わりを「非常に重視している」「重視している」と回答し、農水道の清掃・草刈り等を行うなど、積極的に地域活動に参画している実態が明らかになった。また、地域との関係を重視している企業は、そうでない企業に比べて、売上、生産量、品質などの面において経営成績（経営計画の達成状況）が良好であることを示した。地域は農業経営の主要な経営資源である農地と労働力の供給源であり、農業経営を維持・拡大するためには、人や農地、水の確保が必要であり、そのためには地域の信頼を得る必要があると認識されている可能性を示した。

その調査から5年が経過し、その後に参入した企業も多くあるため、本章では最近の参入企業の動向の把握を目的に、２０１９年に九州における参入企業に対してアンケート調査を行い、新開・原田が２０１４年に実施した調査のアップデートを試みた。そのため本章は、新開・原田（２０１６）に新たな調査結果を加え、大幅に加筆修正したものであることをお断りしておく。

2 企業の農業参入の目的と地域の期待・懸念

(1) 参入企業の「地域との調和」――期待と懸念

企業の参入に対する地域の受け止め方や受容態度はそれぞれであるが、地域には期待と懸念の両方の気持ちがあるといえよう。

まず懸念としては、企業は真面目に農業をするのか、すぐに撤退して耕作放棄しないか、畦道や農道の管理は適切に行われるか、といった心配があげられる。農村は慣習や構成員間の暗黙の了解によって秩序が維持されている場面も多い。新規の参入者、とりわけ地域内にも居住しない者で運営される企業による農業であれば、地域の慣習や秩序をみだすのではないかという懸念は理解できる。また、農業の生産・流通の場面においても、地域の事情を無視した作付けや管理が行われないかという心配や、既存の共同利用施設の運営に悪影響が出ないか、といった不安が抱かれる。

他方で、企業参入は生産力が増すことを意味し、産地としての規模の確保や、共同利用施設の稼働率の向上などが期待される。また、若い人材が地域に入ってくることにより、地域が活性化することも期待される。場合によっては、作業を受託してくれる地域農業の担い手としての期待もあろう。他産業からの新たな技術やノウハウが持ち込まれることにより、新たなイノベーションがもたらされることも期待される。

(2) 農業参入企業の受容プロセス

そのような懸念と期待の中で、実際に企業が地域にどう調和し、受容されていくかは、ケース・バイ・ケースである。新開・原田（前掲）は事例調査などから、図2のようなプロセスをひとつのモデルとして描いた。地域は懸念と期待のはざまで、しばらく参入企業の「お手並み拝見」をしており、もしそれが期待に沿うものであれば、やがて「信頼」が生まれ、地域農業に対して担い手としての期待が高まる。参入企業にはしだいに作業の依頼が集まるなど地域農業の「中核的な存在」となり、場合によっては、「不可欠な存在」になることもあるのではないか、というストーリーである。

3 九州におけるアンケート調査から

(1) アンケート調査の概要

そこで本章では、農業に参入している企業と地域の関係はどのようになっているか、また、地域との関係が農業事業にどのような影響を与えているのかを調査・分析することを企図し、参入企業に対してアンケート調査を行った。

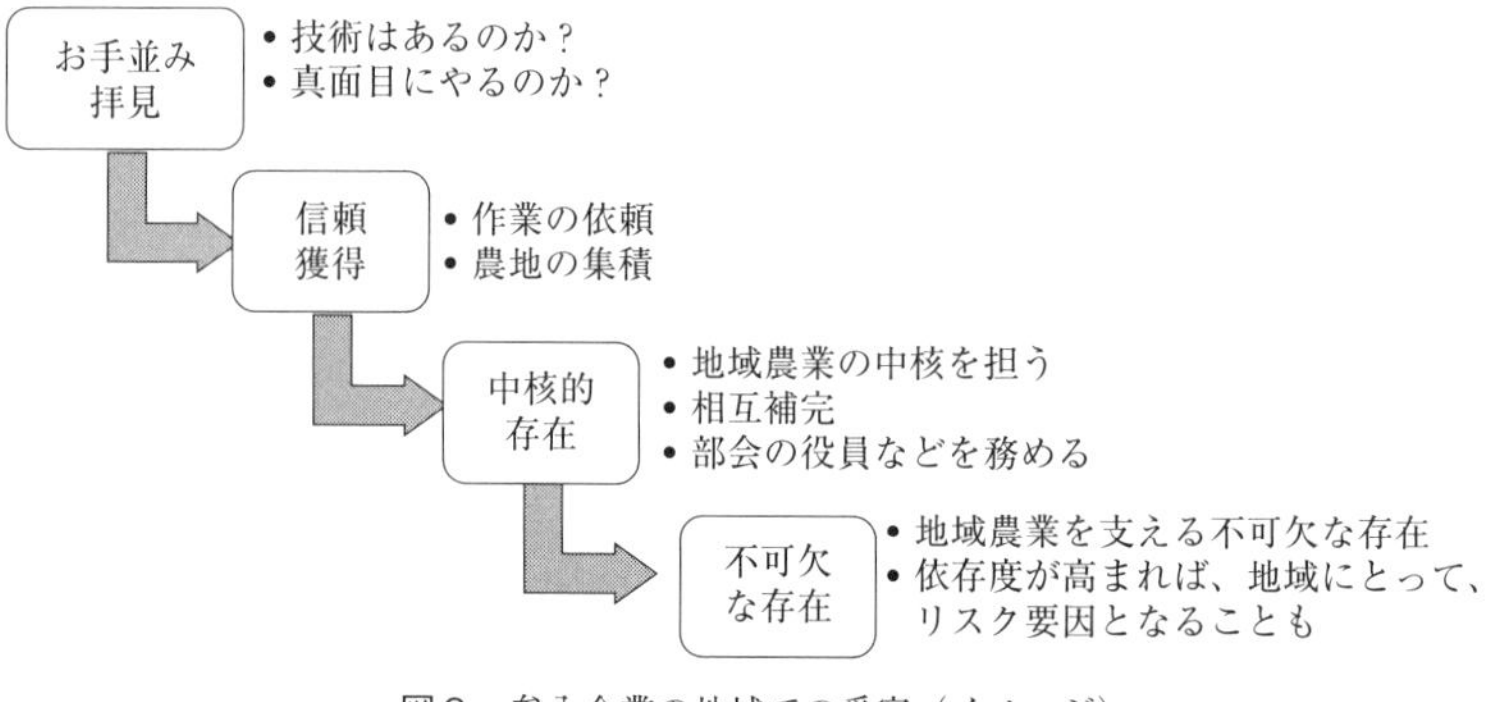

お手並み拝見
• 技術はあるのか？
• 真面目にやるのか？
信頼獲得
• 作業の依頼
• 農地の集積
中核的存在
• 地域農業の中核を担う
• 相互補完
• 部会の役員などを務める
不可欠な存在
• 地域農業を支える不可欠な存在
• 依存度が高まれば、地域にとって、リスク要因となることも

図2　参入企業の地域での受容（イメージ）

資料：新開・原田（2016）。

調査は、1回目を2014年の7月～8月に、主に九州で農業に参入している企業222社に自記式のアンケートを郵送で実施し、69件（31・1％）の有効回答を得た。さらに、2019年の8月～9月に、同様の289社にアンケートを郵送して実施し76件（26・3％）の有効回答を得た（インターネット上に回答様式を用意し、そこからの回答も許容した）。この2回のアンケート調査は、九州における農業参入企業を各種資料から抽出し、アンケートの送付対象とした。そのため、送付対象に重なりはあるが、2019年調査では新たな参入企業を追加し、また、2回の調査とも無記名での回答としているため、得られた回答には対応があるとは言えないことをお断りしておく。

アンケートに回答してくれた企業の所在地は、2014年調査では大分県が52・2％と最も多く、次いで熊本県（18・8％）、鹿児島県（8・7％）であった。2019年調査では、大分県が53・9％と最も多く、次いで熊本県（30・3％）、鹿児島県（9・2％）であった。

農業参入した時期は、2019年調査では農地法改正前にあたる10年以上が42・1％であった。2014年調査では農地法改正前が68・1％、農地法改正後が31・9％であったので、農地法改正以降の参入企業の割合が増加していることが確認できる。

それらの企業の本業または親会社の業種は、2014年調査では農業・畜産業が31・9％と最も多く、次いで建設業（20・3％）、食品関連産業（15・9％）が多かった。2019年調査では農業・畜産業が37％に増加し、建設業の割合が減少している（10％）。

また、生産している農産物は2019年調査では野菜が47社（61・8％）で最も多く、次いで米麦など17社（22・4％）、果樹14社（18・4％）が多かった（複数回答）。2014年調査では野菜が44社（19・8％）で最も多く、次いで米麦など（7・7％）、果樹（7・7％）が多かった。

経営規模は、２０１４年調査では土地面積でみると１～５haが28・２％で最も多く、次いで10ha以上（26・８％）、０・５～１ha（14・１％）であった。２０１９年調査でも１～５haが32・４％で、10ha以上が33・８％、０・５～１haが６・８％であり、やや大型化傾向がうかがえる。

以下では、主に２０１９年調査の結果を中心に、適宜２０１４年調査との比較をしながら、考察を進める。

⑵ 地域との関係

地域との関係について、２０１９年調査では、46・１％が「非常に重視している」、42・１％が「重視している」と回答しており、両者を合わせると88％が地域との関係を重要なものだと認識し、経営を行っている。２０１４年調査では80％が重視していると回答していたので、それよりも割合はやや高く、回答した参入企業の多くが現在も地域との関係を重視していることが確認された。

具体的な地域貢献活動としては、「農水道の清掃・草刈り」と回答した企業が65・９％と最も多く、「地域農家の話し合いに参加」する企業も多かった（図３）。また、「地域行事に参加」「地域行事に協賛」と回答した企業も多い。地域からの雇用については82・9％が「あり」

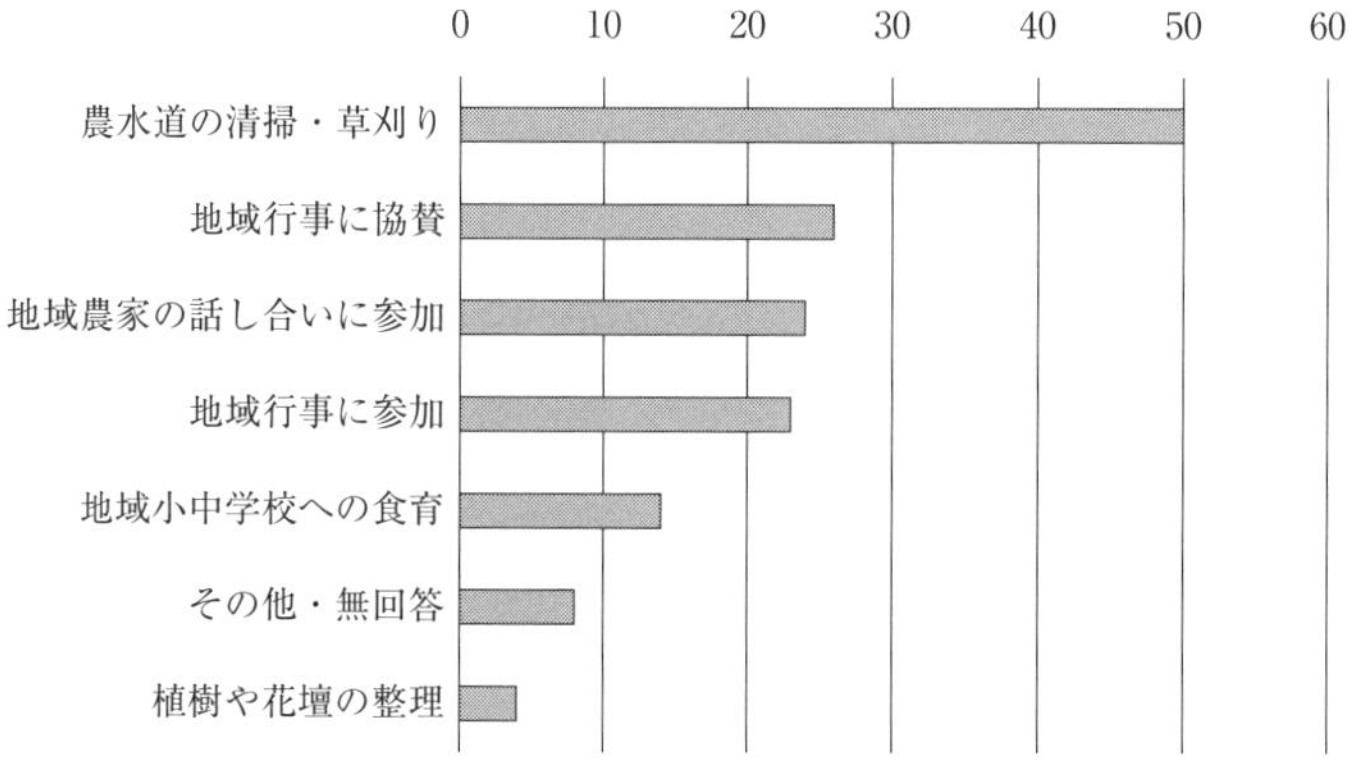

図３　参入企業が取り組む地域貢献活動（N=76、複数回答）

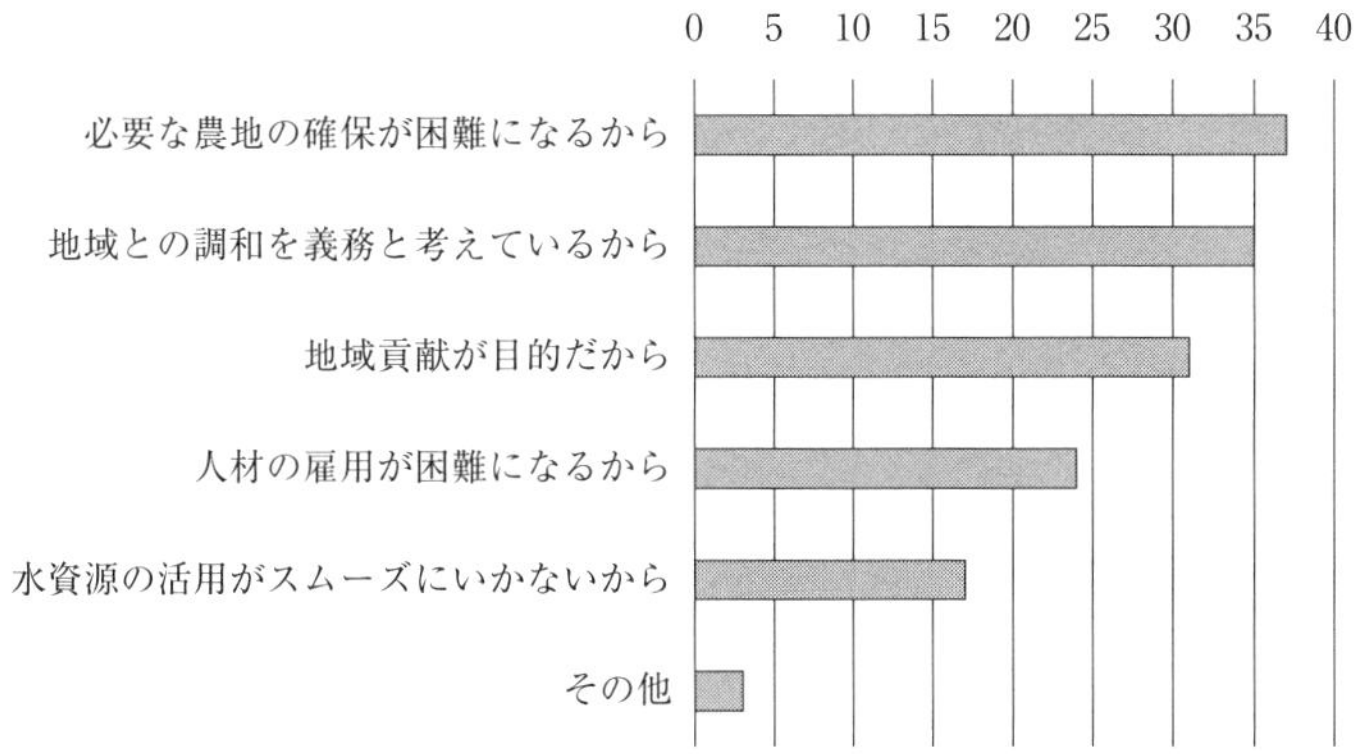

図4　地域との関係を重視する理由（N=67、複数回答）

と回答しており、２０１４年調査と同水準（83%）の結果となった。

地域との関係を重視する理由（重視すると回答した67社の複数回答）としては、「必要な農地の確保が困難になるから」（37社）、「人材の雇用が困難になるから」（24社）、「水資源の活用がスムーズにいかないから」（17社）などの回答が多く、地域が農業経営の命運を握る重要なステイクホルダーと認識されていることがわかる（図４）。同時に、「地域との調和を義務と考えているから」（35社）、「地域貢献が目的だから」（31社）という回答も多く、そもそも地域との良好な関係を築くことは重要な責務であると認識されていることがうかがえる。

そのような結果、地域がもともと「歓迎してくれた」（42・１%）場合に加え、「あまり歓迎されなかったが、現在はいい関係」（28・９%）と合わせて、約７割の企業が地域と良好な関係を築けていると感じている。関係を改善できた22社は、その理由として、「真面目に農業をした」（15社）、「地域の諸行事に参加した」「日がたつにつれ自然と理解された」（ともに12社）などを上位にあげている。新開・原田（２０１６）が指摘したように、地域は参入企業が真摯に農業に取り組む姿勢を確認しており（お手並み拝見期）、その過程を過ぎれば評価が高まっていく（信頼獲得期）過程が確認された。

その過程の先には、参入企業が地域を支える存在になる可能性を示

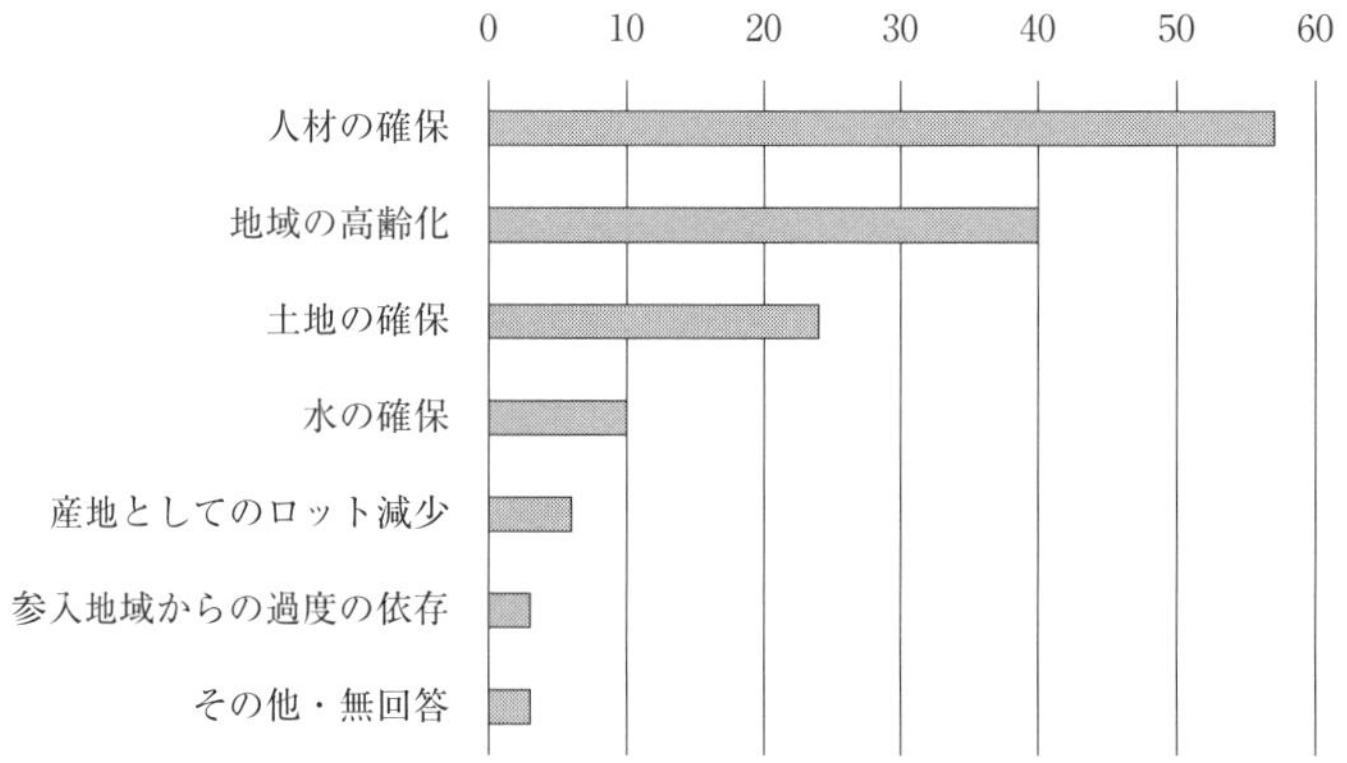

図５　地域との関わりにおける課題（N=76、複数回答）

唆しているが、実際に今回のアンケートでは、少数であるが「地域からの過度の依存」が課題であるという指摘も出ている（３・９％）（図５）。その他に、地域との関係における課題として、75・０％の企業が「人材の確保」、52・６％が「地域の高齢化」と答えていることを合わせて考えると、人手不足や高齢化の問題が深刻な状況となっている農村において、参入企業と地域との関係は新たな段階に入りつつあることも示唆される。

（３）収益性と地域との関係

２０１９年調査では、売上の推移については、「増加している」が47・４％、「横ばい」が40・８％であった。両者を合わせると約９割となり、２０１４年調査では両者を合わせて64・８％であったので、２０１９年調査の方が事業を維持または拡大している企業の割合が高い。収益性については、76社中21社（27・６％）が「黒字」であると回答し、29社（38・２％）が「赤字」であると回答している。黒字と回答した21社の平均の黒字化までの年数は、３・05年であった。

売上の推移と地域との関係を見てみると、地域との関係を重視している企業の方が売り上げの推移が順調な傾向を示しており、それは、２０１４年調査でも同様であった。回答は自己申告である点には注意が必要であるが、地域との関係を重視している企業の方が、売上が良好に推移している傾向が再度確認されたことは興味深い。

(4) 参入企業とイノベーション

企業による農業は、個人経営との比較において、資本力や本業でのノウハウなどに有意性があると推察され、新たな技術への積極的な投資やイノベーションが期待される。そこで、2019年調査では最近注目されているスマート農業への取り組みについて質問を行った。

スマート農業について、30・3%の企業が「本業と関わりがある」と回答した。また53・9%の企業が本業と関りはないものの「関心がある」と回答し、別の質問で56・6%の企業がIT機器を「積極的に利用したい」と回答している。

パソコンやスマートフォンなどの通信機器は多くの企業が採用済みであるが、ドローン(7社)やフィールドセンサー(6社)、監視カメラ(9社)などを採用している企業は、現時点においてはあまり多くない。しかし多くの企業がそれらに関心を抱いており、今後の展開が期待される。導入が進んでいない理由として、コスト(68・4%)、人材不足(59・2%)を挙げる企業が多く、費用や人材面が課題となっていることがうかがえる。行政に求める支援としても約7割の企業が費用助成を望んでおり、スマート農業の推進にあたっては、財政的な支援も重要であると考えられる。

4　新たな段階に向かって

本章では、企業が将来的に日本の農業の中核を担う存在になりうるかについて、農業に参入した企業と地域との関係に着目し、2014年の調査結果と比較しながら九州における参入企業の最近の動向を調査した。アンケート結果から、参入企業は地域との関係を重視していることが確認され、また、地域を重視している企業は収益性も良好な傾向が確認された。これは2014年調査でも同様であり、農業経営の基本要素である人・土地・水の供給源である地域との関係は、経営成果にも大きな影響を与えることを示しており、企業とはいえ地域を軽視した経営はできないことを示している。参入の先発企業はすでに10年を超える営農を行っており、それらの企業が地域に積極的に参画し、受容されている一端が確認できたことは、今後の企業参入の進展にとって、今回の調査結果は明るい兆候を示したとは言えないだろうか。

高齢化や人口減少により弱体化が進む農村地域にあっては、むしろ企業に依存するような状況があることも、ごく少数ではあるがアンケートより確認された。参入企業と地域との関係は新たな段階に入りつつあることも示唆される。今回はアンケート調査にとどまっており、内容の詳細な把握はできていないため、今後より詳細な調査が望まれる。

［付記］本章は新開章司・原田佳苗（2016）で得た知見に加え、新たな調査結果を踏まえて大幅に加筆修正したものである。

参考文献

新開章司・原田佳苗（２０１６）「参入企業による農業経営と地域社会との関係」、堀田和彦・新開章司編著『企業の農業参入による地方創生の可能性』第７章、１３５～１５２頁、農林統計出版。

農林水産省経営局「一般法人の農業参入の動向」http://www.maff.go.jp/j/keiei/koukai/sannyu/attach/pdf/kigyou_sannyu-18.pdf（２０１９年11月８日参照）。

第4章 農企業における外国人雇用の促進

——地域社会へのとけこみ

本章のキーワード ▼▼▼ 地域へのとけこみ／従業員の満足度／組織目標／コンフリクト

川﨑 訓昭

1 外国人技能実習生の現状

2018年12月に改正入管法が成立し、技能実習生がこれまでのような帰国を前提とした期間限定の労働力ではなくなり、今後長期的な雇用を見据えた経営管理が農業経営体にも求められる。農業経営体で実習を行う技能実習生の多くは実習を行う農業経営体の近隣で生活するケースが多く、営農面だけではなく生活面においても、地域に溶け込んでいくことが必要とされる。そこで、外国人実習生の満足感を達成するために、いかなる外国人人材が働きやすい環境を目指した経営戦略をとっているのかを明らかにしたい。

この課題に接近するために、京都府久世郡久御山町にあるロックファーム京都株式会社を事例とする。会社が位置する京都府(1)は、近年技能実習生の受け入れが急拡大している。本事例はこの先駆けであり、会社設立当初から技能実習生を中心とした経営体制を確立しており、これまでの人材開発と組織開発の変遷を分析し、農業経営体における働きやすい職場環境作り・地域社会とのふれあいを考察していく。

2 組織パフォーマンスと従業員の満足感

組織論の中でも、組織のパフォーマンスを個人の成長とあわせて発展させていく理論体系が組織行動論[2]である。組織行動論において、多様な意見や価値観を持ち、異なる目的を追求し、組織内の情報や経営資源へのアクセスも異なる個人が近づき、相互作用したときにもたらされるのが、「コンフリクト」である。コンフリクトは一般的には「対立」と訳されるが、組織行動論で利用する場合のニュアンスとしては「葛藤」が最も近い。経営者は、日常的に従業員が持つコンフリクトに対処することで、新しいアイデアや変革へとつながり、高い組織パフォーマンスの実現と従業員の満足度の向上が可能となるとされる。

次に、個人のコンフリクトを組織目標の達成につなげる方法として、1従業員がコンフリクトを克服する力（専門力：遂行中の仕事に対し、より高いスキルや知識を有することで得る力、模範力：他の従業員から尊敬や賞賛の念を受けることで得る力、報酬力：昇進や昇給を獲得する力）を組織が提供する、1従業員間の協力・協調を促す協働の仕組みや場を組織が提供する、以上2つの方法が提起されている。前者は個人の能力を引き上げる「人材開発」とされ、組織には従業員が自ら高みを目指し自主的な行動を行うシステム作りが求められる。後者は、組織を個人の成長にあわせて発展させていく「組織開発」とされ、組織には異なる価値観を持つ従業員を共通した組織目標の達成に向ける明確な経営理念が求められる。そのため、経営者は公式な権威と権利の下で、これら2つの方法に対応した職場環境の整備を行うことが求められる。

以上の理論的整理にもとづき、次節で事例とするロックファーム京都株式会社の概要とこれまでの変遷を紹介した後に、第四節で従業員が持つコンフリクトを変革につなげ、高い業績の達成につなげる職場作りのキーポイントと、今後克服すべき課題を明らかとする。

3 外国人労働力と築き上げる農業

(1) ロックファーム京都株式会社の概要

ロックファーム京都株式会社の概要は表1のとおりである。代表取締役の村田翔一氏(33歳)は、2018年3月に消防士を辞め実家にて就農するが、就農の仕方から常識を覆すものであった。村田氏は、「私が就農する前は、母親が家庭菜園+αくらいを栽培する程度で、とても農業経営と呼べるものではありませんでした。ただ、人に手伝ってもらっていて、当時からどうすれば人が働きやすいかや、どのような生産計画を立てるかなど、経営のマネジメントの部分は、休みの日に私がやっていました。魅力がないといわれる農業の世界でも、マネジメントのやり方次第で、常識を覆すような経営はまだまだ可能だと思って、就農を決意しました。」と語る。

親世代が営む経営をそのまま引き継ぐというスタイルではなく、

表1 ロックファーム京都株式会社の概要

所在地	京都府久世郡久御山町
代表取締役	村田 翔一
資本金	100万円
労働力	社員4名、パート雇用:男性5名、女性10名 外国人技能実習生:ベトナムから女性4名
機械設備	トラクター、播種機、定植機、ネギ洗浄機、袋詰め機など
事業内容	「九条ネギの周年栽培」とホワイトコーン・レモンなどの栽培
経営規模	露地8.5ha(久御山町5ha、亀岡市2.5ha、旧京北町1.0ha)

注:2019年7月及び9月のヒアリング調査より筆者作成。

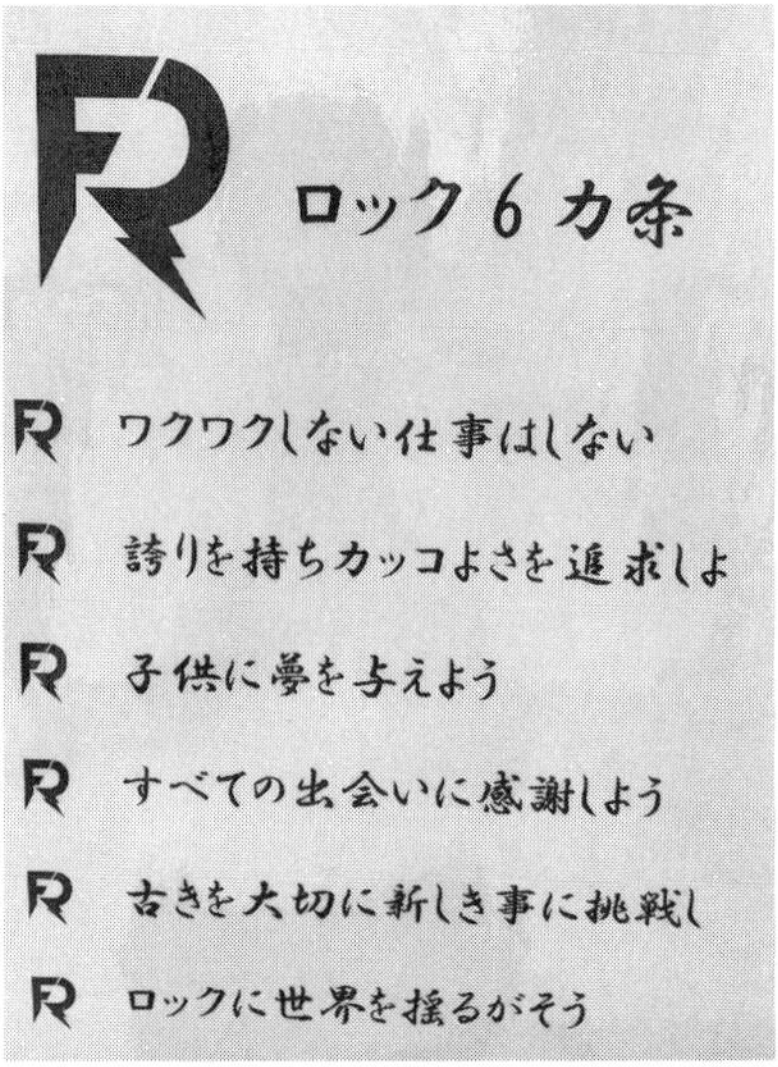

写真１　経営理念をより具体化した「ロック６カ条」

写真２　自らが高みを目指し自主的に行動を行うメンバーたち

亀岡市や宇治田原町など近隣の市町村でも農地を借り受けており、就農に向けた準備を進めるスタイルは正に起業家である。就農一年目から九条ネギの生産を柱として着実に成果を上げ（初年度6500万円）、直近の目標は売上高1億円への到達である。

(2) 起業家から企業家への道

会社の入り口に掲げられた「ロック6カ条」（写真1）は、同社の経営理念である「我々は、常に現状に満足せず、明るくポジティブに農業の可能性を探求する。そして従来の農業にとらわれない豊かな発想で、お客様を震撼させる新しい価値を提供する」をより分かりやすい形で従業員・ステークホルダーに周知させるものである。この理念のもとで、魅力的で革新的な農業経営を発信する同社には、日本各地から様々なキャリアを積んだ人材が集まっており、現在4名の社員とパート・実習生19名が活躍中（写真2）である。

就農した村田氏が、第1に目指したのは土づくり・堆肥づくりにこだわり、どこよりも美味しい九条ネギを作ること。第2に、飲食店や加工業者に一年中決して欠品することなく九条ネギを届けること。第3に、消費者や顧客の要望に柔軟に対応すること。人気のホワイト・コーンやレモン栽培に乗り出すなど、常に消費の動向にアンテナを張り巡らせている。

村田氏は、「九条ネギ・京野菜というブランドを先人がこれまで築き上げてくれた。このネーム・バリューの高さに驕ることなく、さらなる高みに持っていくことが私たちの使命です」と常に語る。高い品質の九条ネギを欠品することなく出荷し、川下の要望に応えていくための様々な取り組みを行う村田氏は、起業家の枠を超えた企業家である。

(3) 生産者の情熱を消費者へ

村田氏は、「とらこ株式会社」と「株式会社あぐり翔之屋」とともに2019年7月に設立した京葱SAMURAI株式会社の代表も務めている。九条ネギ生産に取り組む3名の若手農業者により結成されたこの会社は、総経営面積約30ha、年間出荷量1000トンを超す出荷量を誇り、周年・安定かつ大量のネギを供給している。機械の共同利用や労働力の融通を行いながら互いの強みを引き出しており、共同選果調整施設の建設も構想に入れている。

この取り組みを村田氏は、「農業で同業者が共同で事業をすると、しばしば成功裏に終わらずなくなってしまうということもよく聞きます。うちは皆が同じ志を持って集まり、互いの強みと弱みをきちんと理解しています。若い人がグループを組んで成功するというモデルを、農業界にも広めたいんです」と語る。現状に満足することなく、常に高みを目指す3人の目標は、総経営面積100ha、出荷量年間5000トンである。

(4) 地域の先駆けとしての技能実習生の受け入れ

ベトナム人技能実習生を、2017年夏2名、2018年春2名を受け入れており、現在2019年冬2名の受け入れに向けて、準備を進めている。2017年の受け入れ時の経営は母親と4名のパート従業員であり、村田氏が就農に向けて準備を進めている段階であった。当時、京都府内には技能実習生を雇用する農業経営体(畜産を除く)はなく、村田氏は就農に向けて東京で開催された研修に参加した際、淡路島の農業経営者から技能実習生を受け入れネギ作経営を行っていることを聞く。実際、淡路島に出向き圃場や施設を見学し、技能実習生を軸とした経営体制でも経営が成り立つことを学び、自らの経営も技能実習生を軸としたものとしていく決意をした。

早速、徳島県の受け入れ機関を通じて、ベトナムにて面接を行い、第一印象及び実技試験を通じて2名を選抜した。来日に際し、先輩経営者の助言を参考に、賃金・就労・休暇・住居の各条件を書面で明示することとした。実習生も半年間の日本語・日本文化教育だけでなく、SNSを通じて既に来日している先輩実習生から様々な情報を入手してきたこと、近隣の地域住民への挨拶を欠かさないことを指導したことにより、受け入れに際し特段の問題は生じなかった。第1期の実習生の勤務内容・労働内容の質が想像以上に高かったため、当初予定よりも第2期の受け入れを早めている。

村田氏は自経営での実習生受け入れが順調に進んだことから、京葱SAMURAI株式会社の他の経営体や近隣の九条ネギ農業者にも、実習生の受け入れを勧めており、現在京都市内近隣の複数の九条ネギ生産者が実習生を受け入れ、ベトナムだけでなくインドネシアやネパールなど出身国の拡がりも見せている。

4 農業経営体と外国人労働力の相互関係

(1) 事例における人材開発と地域へのとけこみ

事例では、代表取締役と年齢・出身地・キャリアの異なる4名の社員と4名の技能実習生が中心となり、経営が行われている。機械作業とネギの育苗作業は社員だけが行っているが、その他の作業は基本的に社員・実習生・パートがいくつかのチームを作り、日替わりで共通の作業に従事している。作業経験の長さやノルマの有無が異なる従業員が、同じチームで同じ作業を行うことで、会社創業当初は従業員が自らの作業と他人とを比較し、コンフリクトを抱いていたが、各自が自分で考えてやりたい品目や作業があれば提案し、挑戦できる仕組みを社内に導入することとした。その結果、九条ネギだけでなくホワイト・コーンやレモンなど他品目への拡大や、収穫・調整作業の効率化が図られていった。特に、技能実習生は収穫作業の効率を高めるための収穫手順の改良や、調整作業の効率を高めるための道具の改良や整理場所の変更を行った。このことは、実習生自身が「専門力」と「模範力」を獲得するために、代表取締役がフォローアップ体制を整え、仕事にやりがいを感じてもらえるシステム作りを行っているといえる。

また、事例ではコンフリクトを解消し従業員同士が協働できる環境づくりとして、経営理念の上位理念として「ワクワクしない仕事はしない」を再定義し、仕事の自由度を高く設定することで、従業員自らがスキルや情報を公開・共有し、業績向上につなげていた。このことは、よりわかりやすい目標を設定することで、従業員が自らの価値観・姿勢・目標を身体で理解したうえで、問題や目標を同僚に説明し、率直で正確な意見の交換や情報の交換が可能となる職場環境が整備されているといえる。

また、実習生は半年間の日本語・日本文化教育だけでなく、ＳＮＳを通じて既に来日している先輩実習生から様々な情報を入手してきたこと、近隣の地域住民への挨拶を欠かさないことにより、地域へのとけこみに際し特段の問題は生じなかった。

(2) 外国人労働力がもたらす経営発展

事例では、経営者が就農する以前のマネジメントのみを行う時期に、技能実習生の受け入れを進めたこともあり、会社設立当初は経営者と技能実習生と数名の高齢パート従業員という経営体制であった。技能実習生の作業習得能力が高く、経営者自身が直接作業指導を行う期間は短期間で済み、九条ネギ経営としての経営基盤は確立できたが、経営者が経営管理機能と販売機能により特化した経営体制を組むために、今年４月から４名の社員を雇用している。この社員４名は異業種でキャリアを積んでいたことから、経営者と技能実習生の間をつなぐミドルマネージャーとしての能力に長け、職場の一体感を醸成するため実習生との懇親会の開催や20代の若い女性実習生と家族ぐるみで付き合いを行っている。また、社員は自らのさらなるスキル向上のため、京葱ＳＡＭＵＲＡＩの他の構成経営体に出向き、他の経営体における実習生との関係作りや栽培方法のノウハウ習得に努めている。

農業経営においては、自然的条件や気象条件など不確実性を有する事象への対応が不可欠である。事例経営では、この不確実な事象の発生とその解決に向けた試行錯誤こそが、組織の経験と専門知識の蓄積、および従業員が持つ様々な葛藤・コンフリクトの克服に向けたプロセスと捉えており、農作業グループのメンバーを頻繁にローテーションし、多くの従業員の価値観や目標を理解するように努めている。

5 外国人労働力の満足度の向上に向けて

本章では、組織行動論にもとづき、経営者が日常的に従業員の持つ葛藤・コンフリクトに適切に対処することで、経営内の新しいアイデアや変革につなげ、高い組織パフォーマンスの実現と技能実習生の満足度の向上を図っていることを明らかとした。しかし、本事例特有の経営者能力として、村田氏の前職の消防士としてのキャリアが関係している点は看過できない。消防士のチームワークの構築方法および複雑な勤務体制の中でモチベーションを保つ能力が、本事例における外国人労働力および社員のチームワーク構築と仕事へのモチベーション維持に大きく寄与している。

最後に、本章での事例分析を通じて、より多くの農業経営体での職場改善のための課題として、以下の3点が挙げられる。第一に、特定技能実習制度が始まり、10年の雇用もしくは期限なしの雇用が可能となる制度作りが進められているが、本事例も含め筆者の調査してきた農業経営体で技能実習生の昇給に対応した事例は見受けられない。今後、技能実習生が持つ報酬に関するコンフリクトを克服する「報酬力」の獲得に経営体としていかに対応していくかが必要となろう。第二に、コンフリクトへの対応方法は、出身国とくに文化や風土に大きく影響を受ける。事例でも今後ベトナム以外からの受け入れが示唆されており、新たなチームワークの構築方法やモチベーションの維持方法が必要となり、農業経営体のみの対応では対応しきれないケースも増加すると考えられる。第三に、会社内の社員と技能実習生の間、パート従業員と技能実習生の間の関係悪化には農業経営体内で対応できているが、技能実習生間のトラブル解消にはいまだ受け入れ機関の対応が必要不可欠である。ただし、遠方に事務所がある場合喫緊の問題に対応できないケースもあり、対応方法のさらなる整備が必要となると考えられる。

［追記］本章は、「外国人が働きやすい環境をめざした経営戦略」『農業と経済』第85巻第12号（2019年）を再構成したものである。

注

（1）京都府内では、2017年以前に外国人技能実習生は皆無に等しいと捉えられていたが、2018年に農業支援外国人受入事業の国家戦略特別区域に指定された影響もあり、受け入れが急速に進んでおり、2019年8月時点では府内で約110名の技能実習生が働いていると推定される。

（2）組織行動論の代表的な著作として、ロビンス（2009）、須田（2018）、鈴木・服部（2019）がある。

参考文献

スティーブンP・ロビンス（著）、髙木晴夫（翻訳）（2009）『組織行動のマネジメント――入門から実践へ』ダイヤモンド社。

須田敏子（2018）『組織行動――理論と実践』NTT出版。

鈴木竜太、服部泰宏（2019）『組織行動――組織の中の人間行動を探る』有斐閣。

西川豊、松本光正（2019）『待ったなし！外国人雇用――STORYで学ぶ入管法改正』三恵社。

第Ⅱ部 農企業と地域社会との輪の拡大

第5章

有機農業における地域の生産者と消費者の関係変化
——神奈川県内でのCSAと産消提携の取り組みから

横田　茂永

本章のキーワード ▼▼▼ CSA／産消提携／コミュニティファーム／援農／食生活

1　世界におけるCSAの展開と多様性

国際的なCSA（地域が支える農業＝Community Supported Agriculture）のネットワークURGENCIは、世界中で行われている集約的な農業生産と広域流通に起因する問題の解決策として、生産者と地域の消費者の間の多様な形態のパートナーシップであるCSAを推進している。ただし、ここでいうCSAは、アメリカでの特定の取り組みを指すのではなく、世界で行われている類似の取り組みの総称である。

URGENCIでは、CSAを共同（Partnership）、地域（Local）、連帯（Solidarity）、生産者と消費者の直接のつながり（The producer/consumer tandem）の4つの原則を備えたものとしている。これは、季節ごとの農産物の供給と消費を、地域内で行うことを促進し、生産者との連帯の下に利益とリスクを消費者が応分に負担し、それが上下のない生産者と消費者の直接の関係に基づいて行われることを意味している。[1]

ＣＳＡは、世界各国に見られるようになってきており、日本の産消提携（以下、提携）は、そのもっとも古い取り組みの一つに位置づけられている。しかしながら連帯の意味として、消費者から生産者への前払いが位置づけられるなど提携の取り組みでは見られなかったものもある。唐崎（２０１２）でも、ＣＳＡの特徴として前払いを含む４つの特徴があげられているが[2]、前払い以外の特徴は提携でも見られるものであり、前払いについても本質的には有機生産の持続性を維持する支払いの仕方であることが重要であり、全量引き取りなど提携でもその努力がなされている。

実際、世界で行われているＣＳＡの取り組みは多様であり、一律の起源を持つわけではない。日本の提携に限っても、取り組みは各々異なっている。歴史的・地域的な相違を背景として条件や動機等も異なっていることから、それらを外延的な定義で一元化すること自体が意味のないことである。波夛野（２０１９）が言うように、大きな枠組みの中で、それぞれの相違を比較研究することが望まれる[3]。

その上で、重要なのは、その多様性を二つの軸から整理することである。第１に、商品流通の多様化の一環としての生産者と消費者の直結である。これについては、ビジネスＣＳＡと呼ばれ、日本で言えば「産直」という言葉で表されることになる。しかし、これもまた歴史的・地域的に集約されつつあった主流の流通形態へのアンチテーゼという意味では、決して捨象すべき視点ではない。

第２は、商品流通における二分された生産者と消費者の関係から、生産者と消費者が重複し融合している関係への変化（あるいは逆方向の変化）を捉えることである。生産者と消費者の融合が強いものが、ＣＳＡや提携の本来の姿と認識されているものといえる。歴史的・地理的な背景の下での社会環境の相違から、生産者と消費者の融合関係がどのように変化しているのか、より具体的に分析していく必要があるだろう。

本章では、同じ神奈川県でのＣＳＡ農場（なないろ畑）と産消提携農場（相原農場）の取り組みから、一見すると異なるように見える生産者と消費者の関係変化の原因について考察する。[4]

2 コミュニティファームへの発展――なないろ畑（神奈川県大和市）

（1）なないろ畑の設立

片柳義春氏を代表とするCSA農場なないろ畑は、神奈川県大和市にある。自営業を営んでいた片柳氏には、もともと就農志向があり、1997年のガーデニングブームのころに花苗の生産・販売を開始し、神奈川県農業アカデミーに入学、中高年ホームファーマー事業での体験研修を経て、2003年に10ａの農地を借地して就農することになった。現在は、大和市の自宅に隣接する出荷場（兼事務所・カフェ）、座間市の農地240ａ、大和市の農地44ａ、さらに長野県辰野町にある第2農場（古民家、水田35ａ、畑35ａ、山林50ａ）へと広がっている。[5]

CSAを開始したのは2006年ごろで、当初は税込み9万6000円／年で、会員が毎週火・木・土のいずれかの曜日に野菜セットを受け取る仕組みであった。サイズは2つで税別8000円）、消費者のほとんどが大和市の市街地に居住しており、出荷場での受け取りを基本としていたが、取りに来られない場合には有料で配送サービス（遠方は宅急便、近隣は直接配達）を実施していた。

1月開始で、基本は1年分の会費を前払いしてもらうことになっていたが、月払い、半年払い、1か月から3か月払いを選択することも可能であった。会員には、ボランティアで、野菜セットの仕分け出荷、圃場作業（収穫等）、直売所での野菜販売などの援農をしてもらっていた。

就農当初は、多種類の野菜を自然食品店4店舗や地元のスーパーなどに販売していたが、調整から出荷までの作業量が多く、これを会員に担ってもらうことで、片柳氏や有給スタッフが農作業に専念できる体制をつくることにした。

しかし、最初の10aの農地の借地契約が解除されたことで、出荷場のある大和市中央林間から離れた大和市南部と綾瀬市の農地1・8haを借地しなおすことになり、消費者の援農がほとんどなくなる。それでも10年間営農を続けていたところ、現在の大和市の市街地に近い農地の借地が決まり、援農も復活した。2010年には、農業生産法人（現・農地所有適格法人）なないろ畑株式会社を設立した。出資者は、片柳氏の他、会員と非会員40人程度である。

なないろ畑の会員は、お客様ではなく、農場を一緒に運営する仲間という位置づけである。日本ではCSAを「地域が支える農業」と訳しているが、片柳氏は、それでは行政の支援を受けているような誤解を与えることから「消費者参加型農業」と表現している。この片柳氏の考え方が、消費者による援農をより深化させることになる。

片柳氏や有給スタッフには、米・麦・大豆などをつくる余力がなかったが、それが欲しいという会員に自らつくってもらう単作物型CSAとして、「大豆畑トラスト」「小麦畑トラスト」「田んぼトラスト（第2農場）」、の活動が始められた。これは、トラストに参加する会員が、協力して農作業を行い、収穫物を均等に分かち合うというものである。大豆畑トラストでは、会費とは別に一口10坪4000円をなないろ畑に支払い、トラクターによる耕うんと収穫後の脱穀などの機械作業以外の播種、除草、収穫、乾燥、選別といった一連の作業を実施する。

さらに消費者の自主性を推し進めた取り組みが、サテライト・グループの活動である。使用する農地面積に応じた地代相当分、水道・肥料などの使用料を支払う独立採算制で、希望する会員で構成されたグループが作物をつくるというものである。収穫した作物をどう処分するかもグループに任される。「ブルーベリーチーム」「ハーブチーム」「花畑チーム」「ヘチマチーム」のほか、現在立ち上げ中のチームもいくつかあり、集荷場でのカフェ経営をする「カフェチーム」、長野の第2農場の古民家を経営する「古民家チーム」、自家採種を行う「種屋権兵衛」と活動内容は多岐にわたる。

なないろ畑のCSAでは、地域通貨が実験的に活用されており、たくさんの地域通貨と関わり、また独自の地域通貨も発行してきた。最近では2017年に導入された野菜収穫券により、会員を農場に引っ張り出すことができた。

野菜収穫券は、野菜セットに入れて配布し、これを持って畑に来ると、ベビーリーフやイチゴなどを一定量収穫できるというものである。収穫の人件費削減につながるが、畑に来たことがない会員に畑を見に来てもらうきっかけにもなる。

労働時間券は、なないろ畑の前身の「とらぬ狸のイモ畑」で実際に使われた。その後、第一次地域通貨ブーム時にできたいろいろな地域通貨に加入したが、そのほとんどは活動停止になり、独自に「尊徳WAT券」を発行したものの、これも上手くまわらず、現在は再び農場独自の労働時間券を発行する計画を練っている。これは作業を手伝ってくれた時間に応じて支給するもので、「NANAIRO-HOUR」と名づけている。「NANAIRO-HOUR」は野菜の割引に利用することができるので、積極的に援農をする会員を優遇して農作業を一緒にする会員を増やすことにもなる。

(2) コミュニティファームへの転換と片柳氏の信念

ピーク時には、CSAの会費収入（野菜セット）1000万円、会費外からの収入200万円の合計

1200万円の年間売上があったが、天候不順等の影響もあり、ここ数年は売上も低下している。片柳氏は、農業でサラリーマン並みの所得を確保することを目標としていたが、現在はこれを達成するためには直接所得補償のような国の支援がなければ困難であると考えている。

また購入するだけで援農や集会に参加しない会員も増加していたことから、現在の運営の仕方に限界を感じた片柳氏は、2018年にコミュニティファームへの転換を断行した。

コミュニティファームとは、消費者会員による組織であり、消費者会員自身が農作業を行い、農作物の処分にも責任を持つというものである。専従スタッフやボランティア等から就農した者はいたが、消費者会員全体を巻き込む大変革であった。単なる野菜購入だけが目的の会員は野菜が天候不順で不作だったのを契機に退会していき、約80人だった会員は40人に減少した。残った会員は、積極的に援農に参加していた者が中心であり、年齢的には60代が多い。

この結果、以前は月例の運営会議に1人も集まらなかったのに対して、現在は毎月第2火曜日の開催となり14～15人が参加するようになった。その他にも火曜日午後は出荷場に多くの会員が集まりいろいろな作業を行っている。また毎日の作業にも5～6人が交代で従事するようになった。

コミュニティファームでは、会員から1人月1000円（もしくは年1万円）の会費を徴収し、さらに野菜を毎週受け取ることを希望する会員は追加で毎月9000円を徴収する。その会費を集めて、農場の機械作業や栽培指導などの委託料金として、なないろ畑に月23万円を支払っている。また、農作業での事故に備えて、イベント保険にも加入した。なないろ畑は、コミュニティファームが野菜を作るのに対して、機械の貸出や手伝い、指導などを行い、事務所やカフェの場も提供している（図1）。

コミュニティファームと言っても、消費者会員の集まりである。はじめからすべての野菜をつくるのは難しいので、会員ごとに好きな作目を苗作りから収穫まで行わせるようにしている。味噌作りにつながる大豆やイチゴの希望者は多い。新たに始める予定のダーチャ会員は、研修が目的の会員で、農場の本圃場で研修すると同時に、各自40㎡の自習用の耕作農地を割り当てる仕組みである。

会議に出ている14～15人が、会計、広報などの役割分担を行って、コミュニティファームの運営を担っている。もちつきや出店などのイベントでは、臨時チームを結成することもある。

片柳氏があえて、ＣＳＡにこだわっているのは、普通の人が有機農産物を食べられるようにしたいからである。そのためには、消費者からも労力を提供してもらわなければ難しい。片柳氏は、コミュニティファームを、原始的な協同組合による農場運営を目指した組織と位置づけている。

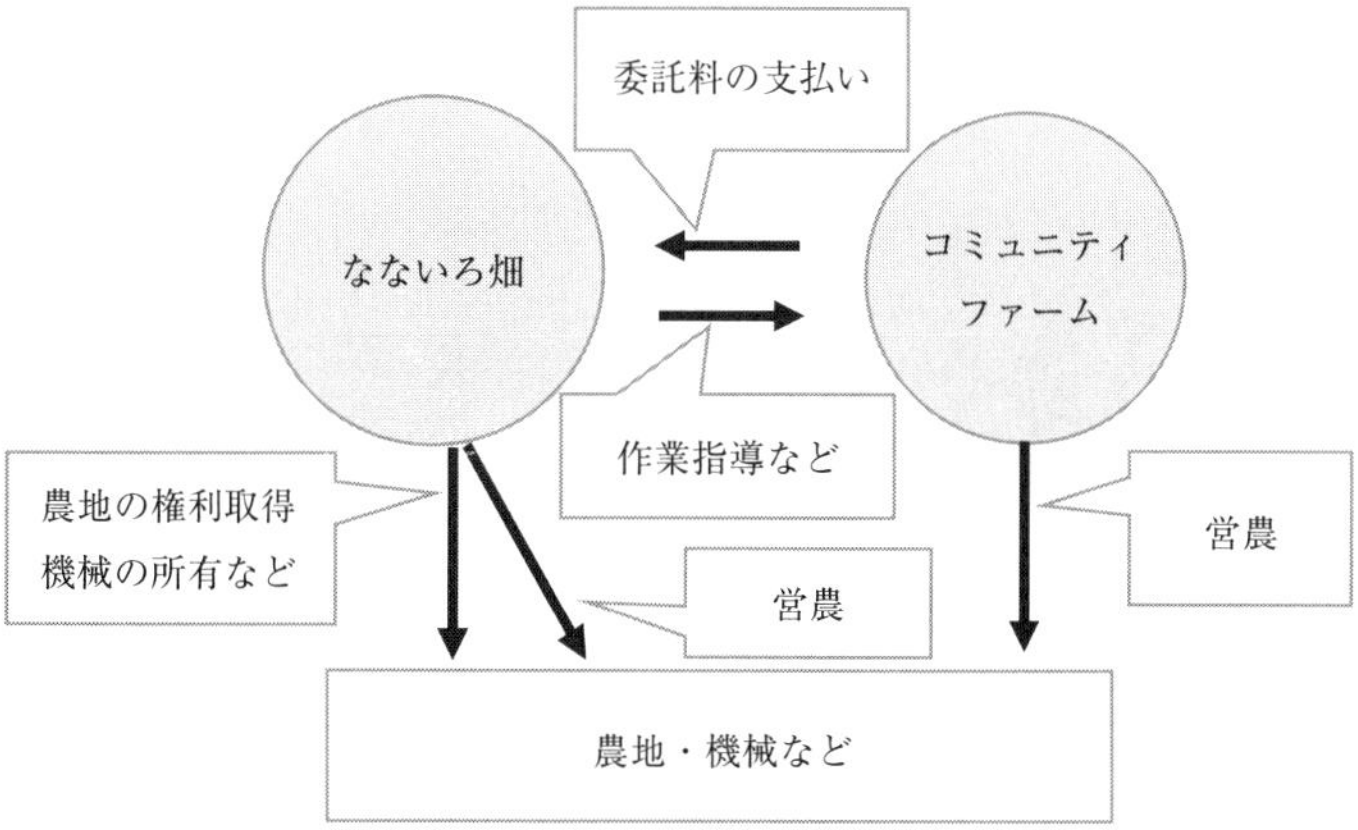

図１　コミュニティファームのしくみ
出所：筆者作成。

3　産消提携の展開——相原農場（神奈川県藤沢市）

（1）有機農業への転換と経営概況

相原成行氏が経営する相原農場（神奈川県藤沢市）は、１９８０年に父の代で有機農業に転換した。有機農業に転換したきっかけは2つあり、1つ目は食事療法との出会いである。当時母が肝臓病を患っていたが、30代で毎日通院することには抵抗もあり、よい治療法を探していたところ、食事療法に遭遇した。食べるものを変えることで、体の状態がよくなることを知ったのである。

2つ目は、1971年に浅井まり子氏が立ち上げた食生活研究会との出会いである。食生活研究会では、機関紙『土と人間』の発行、勉強会の開催、農業体験活動等のほか、共同購入も行っていた。しかし、神奈川県外の生産者が中心であったため、近くでつくられたものを食べるのが自然であり、配送代を減らすという理由から、地元の生産者を探すことになる。そして、地元生産者である相原氏の父を訪ね、母の提案で全量引き取りを条件に提携が始まったのである。

このとき、経営耕地のすべてを一気に有機農業に転換することになり、相原氏の母は、「世界から化学肥料、農薬がなくなったと思ってやった」としている。1991年には相原氏が就農、現在の経営耕地面積は、借地を含めて水田1・7haと畑地2haとなっている。売上のピークは、就農直後の1991年頃で1千万円超になったが、当時は配送費もかなりの金額であった。1995年に後継者育成資金で堆肥盤、コンバイン、トラクター、田植機などを新規購入し、機械の償還コストもかかっている（償還済み）。現在の売上は約800万円である。

食生活研究会で提携に参加したのは、浅井氏と同じ団地に住む会員と相模原在住の会員であり、遠方の会員についてはその地域ごとで生産者を見つけてもらうようにした。食生活研究会の野菜購入者は当初42件、相原氏を含めた藤沢市の生産者2名を中心としていた。食生活研究会には、全量引き取りの他、不分別共同購入方式をとり、事務所の手伝い（月3回）もしくは援農を義務づけ、このボランティアができない場合は金銭負担をするシステムであった。

価格は個々の品目単位につけられており、母が価格を決めていた。自分が料理をすることで、調理して小さくなってしまうものなど、食べる段階まで考えて、消費者がどの程度の価格ならば購入するか（値頃感）を考える。それに、畑の状況を加味している。男性は、畑の状況、収穫された野菜の状態だけから、価格を考えてしまいがちであり、消費者の購入行動とのズレが生じるという。

品目ごとに価格が異なり、会員によって、何をどれくらい野菜セットに入れるかも配慮していたので、会員が支払う代金は、その都度異なってくるが、おおむね月1万円ぐらいであった。全量引き取りとはいえ、何でもすべて送っていたのでは成り立たないし、支払える金額にも限界がある。慣行栽培と同じというわけにはいかないが、妥当な支払い価格を模索する必要があるという考え方である。

(2) 1990年代以降の変化

１９８０年代末から１９９３年までの間が、食生活研究会の野菜購入者がもっとも多かった時期で約１２０件まで増加、地元（藤沢市）の生産者もこの当時は3名となっている。１９９０年代後半から会員の実情（子供の独立、高齢化、死別等単身化）に合わせて、大小の量・規格分け（大で月1万5千円、小で月1万円程度）、個配を開始する。２０００年代に急激に個配が進み、一部を除きほとんど個配となった。会員数の減少（配達件数の減少）によって、逆に個配が可能になったともいえる。

食生活研究会の会員の高齢化に合わせて援農参加者も減少し、１９９０年代末にほとんどなくなった。援農の減少に代わって、増えてきたのが農業研修を希望する者である。お金のやりとりはなく、食事は相原農場持ちで、２０１９年末までに長期研修者のうち52人が就農している。

食生活研究会の会員以外の売り先（消費者・外食への宅配）も１９９０年代後半から増加してきた。食生活研究会の会員より高めの価格設定をしていたが、２０１１年には、食生活研究会の会員が28件（１１９箱）に対

表1　野菜セットの出荷数の変化

2011年

		月	火	木	金
野菜セット	毎週	11	15	8	10
	隔週	2	1	4	3
	月1回	2	0	8	1
野菜セット合計	件数	65	箱数概算	218	
うち食生活研究会会員	件数	28	箱数概算	119	
うち食生活研究会会員外	件数	37	箱数概算	99	
他に福祉作業所からの注文あり					

※箱数概算は、毎週は月4箱、隔週は月2箱、月1回は月1箱で一年間を概算

2019年

		月	火	金
野菜セット	毎週	4	11	4
	隔週	10	14	14
	月1回	0	5	7
	月1回(不定期)	13		
野菜セット合計	件数	82	箱数概算	189
うち食生活研究会会員	件数	12	箱数概算	54
うち食生活研究会会員外	件数	70	箱数概算	135
他に福祉作業所からの注文あり				

出所：聞き取り調査から。

して、会員外が37件（外食2件含む、99箱）と件数では上回るようになっていた（表1）。

別途福祉作業所からのセット野菜の注文、2010年に藤沢市で独立した3人の研修生が行っている直売所（相原農場と他の元研修生も出荷）、ファーマーズマーケット、藤沢市内の商業施設など量はわずかであるが、販路も多角化した。

一方で食生活研究会は、1991年から会員外の人々への販売を目的とした店舗運営を開始した。加工食品を中心に、生鮮品も取りそろえているが、当初は相原農場から野菜を出荷しておらず、買い物客から会員になる人もほとんどいなかった。

(3) 仕組みの変更と提携の現状

2019年4月に、母が病気で介護状態となり、その後亡くなることになる。介護や労力の減少により、これまでのやり方を変更しなければならなくなった。こうして、4月以降は、消費者の了承を得て、配達を宅配に、価格も個別品目ごとからセット

定額に変更することになる。セットの大小（小２８００円、大３５００円）と配達回数（毎週・隔週・月１回）の組み合わせで６パターンに整理し、回数で金額が簡単に計算できるので、消費者への請求が楽になった。

価格は、これまでの年間の支払いを平均して計算した。月ごとの波はあるが、年間を通じて妥当な値段になる。端境期のスタートだったため、消費者から損をしているのではないかとの問い合わせもあったが、年間の支払いを書いたノートのコピーを渡して、荷造り・出荷の仕方は変わっていないことを説明して納得してもらった。

これまで直接配達を受けていた人は、朝採りで当日手元に届いた野菜が、宅配だと1日遅れて着くことになる。そこで、鮮度を保つための工夫として、新聞紙で包んでコンテナに入れていたのを、ボードン袋（野菜果物袋）に変更した。ただし、プラスチックごみが気になる人はこれまで通り新聞に、新聞のインクが気になる人はそのまま裸の状態で荷造りをしている。

母が5月に亡くなった後、元に戻すかどうかの相談はあったが、継続することで合意した。実際介護は忙しかったが、介護が終わった後も相続の手続きに追われ母を失ったことで労力が減少しているため、今までとは同様にできない状況であった。

現在も配達をしているのは、２か所のみである。１つは、金曜日隔週の1か所で、食生活研究会の会員外の５軒でつくったグループである。まとめて配達して、分荷は消費者に任せる仕組みで、消費者側の要望で始められたものである。

もう1つは、火曜日の小規模な外食店舗とその客で形成されるグループで、配達は店舗に一括して行う。外食店舗は食材として野菜セットを毎週購入しているが、メニューに使われている野菜のおいしさに気づいた客も購入するようになった。外食店舗が料理教室を開いて、野菜の調理や保存の仕方を客に教えている。また、客で野菜セットを取っているグループの中でも調理の仕方を相談している。店主から客の感想も含めて、自分の野菜についての意見を聞ける。客からは使ったことがない野菜などを使えるのが楽しい、買い物をしなくてよいのが楽との好評価を受けている。セット野菜では、野菜を使いきれない、使ったことがない野菜を調理できないなどの理由でやめてしまう人が多いので、通常は相原農場からのニュースレターで調理の仕方などを教えているが、その役割を飲食店が担ってくれているわけである。

逆に言うと、他の野菜購入者は配達しても自宅にいないことが多く、すでに直接顔を合わせることもなくなっていたという事情がある。結果的に、配達の時間を農業にまわす方がプラスという結論に至った。

元研修生がつくった直売所、藤次市内の商業施設などにも量は少ないが出荷を続けているほか、食生活研究会の店舗にも2017年から木曜日のみ出荷するようになった。しかし、2019年には、食生活研究会の会員12件（54箱）、会員外70件（135箱）と件数、箱数ともに会員外が多くなっている（表1）。

また、野菜セットを購入する者で援農に来る者は現在も少ないが、それとは別に援農にのみ来る者が増えてきている。これには、藤沢市の援農ボランティア講座の受講者と相原農場のウェブサイトを見て来る者の2パターンがあり、午前中に援農ボランティア、午後にウェブサイトを見て来た者に対応している。

ウェブサイトの援農募集を見て来る者は、自家菜園をしている者、就農志向の者、ボランティア参加後の研修を視野に入れている者などである。なかには、体を動かすのが目的という者もいる。藤沢市の援農ボランティア講座は、1年間修了すると、自分たちが好きなところでボランティアができる仕組みであり、有機農業コースができたこともあり、相原農場を訪れるようである。

相原氏は、食生活研究会との提携が大きく変化してきた中で、「提携の軸足さえ動かさなければ、他はいろいろ変えてみるべきである。生産者の立場からの意見ではあるが、提携の軸足とは、消費者が便利さをどこまでがまんできるか、どこまで踏み込んで生産者に協力できるかであり、生産者と消費者が互いに一歩近づくことである。また、農業について、生産者と消費者の立場が違うのは当然だが、それぞれが考えを伝えていくべきである。消費者も農地を生産者個人のものと認識しがちであり、生産者もそうであるが、共通の思いを持って農地を守っていくことが必要」と考えている。

4 CSAと産消提携の可能性

(1) 生産者と消費者の融合

なないろ畑のCSAの初期の段階では、消費者が援農という形での労働力の提供、料金の前払いという形での運転資金の提供を通じて、なないろ畑の営農を支援していた。地域通貨なども駆使し、消費者が営農の一部を担っているが、専従者も雇用しており、営農のイニシアティブはあくまでなないろ畑、片柳氏の側にある。

農地所有適格法人となったなないろ畑の構成員として、消費者会員も参画することになったが、これによって、消費者が営農だけではなく、農地の権利取得にも関与することになる。ただし、農地法によって生産者以外の議決権は2分の1未満に制約されているので、消費者が営農、農地の権利取得の両面で主導的な立場をとることができるわけではない。

コミュニティファームへの転換によって、消費者の営農面への関与はそれまでよりも格段に深まった。なないろ畑が農地の権利を取得した上で、その利用を許可し、指導をしながら、消費者に営農を主体的に進めさせる方式は、体験農園の応用と捉えられる。ただし、消費者側が役割分担をしながら、営農だけでなく経理や企画などにも取り組んでいることから、通常の体験農園よりも消費者が営農に関与する程度は格段に大きいといえる。

消費者が営農ではなく、農地の権利取得の局面で主体的になることは、現在の日本の農地制度の下では制約がある。農地制度に耕作者主義の縛りがあることから、消費者あるいは消費者グループのみで農地を所有することはできないからである。

しかし、2009（平成21）年度の農地制度の改正によって、たとえば消費者が法人を設立するなどして、農地を直接貸借することも可能となっている。もちろん地権者との関係での調整が必要ではあるが、一つの選択肢といえるだろう。役員の1人が農業に従事すればよく、ここでいう農業にはマーケティングなど経営や企画に関するものも含まれるので、貸借であれば農地の権利取得を消費者が行うということも可能なのである。

消費者が就農するという選択肢まで視野に入れれば、所有という形での農地の権利取得も実は可能となるし、貸借における役員の農業従事要件も大きな制約とはならない。なないろ畑のように、営農に関与している消費者であればほぼ問題ないことになる。コミュニティファームの取り組みも今後さらに変化していく可能性がある。

(2) 生産者と消費者の関係の多様化

相原農場の提携では、食生活研究会の援農や事務所の手伝い、不分別共同購入方式という形で労働力の提供、全量引き取りという形での安定的な資金の提供を通じて、営農支援がなされていた。この点は、なないろ畑と類似しているが、その後の展開は大きく異なっているように見える。

食生活研究会の会員の野菜購入と援農は減少したが、野菜購入は、食生活研究会の会員外の増加によって、援農は、新規就農を希望する研修生、そしてその後の援農ボランティアの増加によって、補われることになる。

相原農場と食生活研究会のような関係変化は、一般的に提携の衰退として捉えられることが多い。衰退の理由としては、提携のみならず生協活動や消費者運動などの全盛期の活動を担ってきた専業主婦層の減少（共働きの増加）によるところが大きいと考えられている。そうであるとしたならば、簡単には過去の状態には戻れないだろう。

一方で視点を変えると、消費者あるいは非農家の人たちの農業への関わり方の選択肢が大きく広がったという見方もできる。その理由の1つは、離農者の増加を背景とした農地法制の変化によって、非農家が就農することが不可能ではなくなったことである。また、それに伴って、行政による就農支援の政策も一定程度整備されてきている。純粋な消費者と就農して新規参入者になるという選択肢の間に多数の中間段階の選択肢も生まれており、さまざまな形で農業に関わることができるようになったのである。

また、わずかではあるが援農に訪れる野菜購入者がいるし、独自に共同購入方式で野菜購入するグループ、料理教室を開いて、相原農場がこれまで続けてきた野菜の食べ方の指導を肩代わりしてくれる外食店舗など消費者としての関わり方も多様である。食生活研究会の現在の会員が店舗運営に力を入れることも、そのような多様化の一つと見ることもできる。

なないろ畑でもコミュニティファームに移行する前に約80人いた消費者全員が援農に積極的だったわけではない。そのためにやめている者もいるわけだが、この消費者たちはまた別のところで野菜セットを購入しているかもしれない。相原農場の消費者と同じように、援農をしない、あるいはできない事情があって、野菜セットだけを購入する者が一定程度存在しているということである。

また、なないろ畑の専従者、研修生、ボランティアの中にも就農に進んだ者がいる。逆にコミュニティファームの中心メンバーは、営農に興味があるが、1人で就農するのは難しいと考えている者たちかもしれない。片柳氏が、なないろ畑を社会的弱者も含めて、多様な者が集まれる場所にしたことが、そのようなメンバーを惹きつけることになったともいえる。

ＣＳＡや提携において、生産者と消費者の一体化は最良の形のようにも考えられる。しかし、それが最良かどうかは、そこに参加する当事者が決めることである。当事者である生産者と消費者の事情と希望に合わせた選択こそが重要なのである。ＣＳＡや提携の取り組みにおいて、生産者と消費者の関係は多様化してきている。

（3）生産者と消費者をつなげる取り組み

そもそも有機農業自体が多様であり、化学合成農薬、化学肥料あるいは遺伝子組換え体を使用しないということだけではなく、商品経済の中で実現しづらい多様な価値を実現しようとして取り組まれてきたものである。地域での資源循環や生物多様性など有機ＪＡＳをクリアしてはいないが、その部分については、有機ＪＡＳよりも先進的な取り組みもある。

有機ＪＡＳの基準をそれに合わせて緩める必要はないが、消費者がそこを評価することを妨げるべきではないし、むしろそのような取り組みをする生産者は、それをアピールしていくべきであろう。

一方で消費者も一括りにされていた感がある。なないろ畑のコミュニティファームに参加するような消費者は、時間的な余裕が必要であり、現在の社会情勢からするとリタイアしてからでないと取り組みづらい。若い世代については、もう少し緩やかな関係が必要といえる。かつてのように、提携の場で、あらゆる問題に対処していくのは難しいし、そうしないでもよいような他の選択肢も出てきている。現代社会にはインターネットも含めて、わずかな細切れの時間を活用しながら、勉強・参加できるツールが存在しているのである。世代の違いにかかわらず、消費者が何のために有機農産物を求めているのかもそれぞれ異なっているはずである。

多様な生産者と多様な消費者、そして多様な生産者と消費者の関係がある中で、特定の生産者と特定の消費者をつなげるためのより細分化したマーケティングがなされなければならないといえる。

注

（1）URGENCI ウェブサイトより。
（2）唐崎卓也他「ＣＳＡが地域に及ぼす多面的効果と定着の可能性」『農村生活研究』１４４、２０１２年9月。25～37頁。
（3）波夛野豪「ＣＳＡの原型・スイスと日本のＴＥＩＫＥＩ原則」『分かち合う農業ＣＳＡ』創森社、２０１９年7月22日、47頁。
（4）本調査は、「農林水産政策科学研究委託事業」を兼ねて実施している。
（5）片柳氏の取り組みの詳細については、片柳義春『消費者も育つ農場――ＣＳＡないろ畑の取り組みから』創森社、２０１７年10月。なお、片柳氏は２０２０年1月20日に急逝された。この場を借りて、ご冥福をお祈りしたい。

第6章

都市農村交流が農村にもたらす変化
——三重県伊賀市上高尾地区を事例として

小林　康志

本章のキーワード ▼▼▼ 都市農村交流／上高尾地区／もてなし疲れ／役割分担／継続の要因

1　交流に何を求めるのか

本章の課題は、都市農村交流が過疎化・高齢化が進行した農村の再生と活性化に有効であるとの認識のもと、交流が農村にもたらす変化を考察することである。

農林水産省は、「都市と農村の交流の推進は、『人・もの・情報』の行き来を活発にし、都市と農山漁村それぞれに住む人々がお互いの地域の魅力を分かち合い、理解を深めるために重要な取組です」と説明する(1)。ただし、都市農村交流は農村住民側（以下、「農村側」）に過度な労力的・経済的負担を生じさせ、継続が困難な場合もある。齋藤（2014）は、都市農村交流を取り扱った文献を調査し、交流継続には都市住民側（以下、「都市側」）の運営参加が求められると指摘する。

交流が重要な取り組みであることは観念的に理解できるが、具体的な効用が示されなければ取り組みの目標が定めにくくモチベーションが保ちにくい。ついては、2009年に行政提案で始まった試行的交流イベントを契機に発展的に継続する交流事例[2]を取り上げ、農村にもたらす変化と継続要因について考察を進める。

2　発展的に継続する都市農村交流

事例は、三重県伊賀市上高尾地区で継続する都市農村交流である。同地区は、伊賀盆地の南端部、同市最高峰の尼ヶ岳の麓に位置し、行き止まりであるため通過する人はほとんどいない。木津川支川の最上流で水は清涼、商業看板はほとんど見られない。2018年の人口は135人、うち87人が65歳以上で高齢化率は64.4%である。最寄の近畿日本鉄道大阪線青山町駅までは行政バスが運行されているが、月・水・金・土曜日が1日往復3本、火・木曜日が4本、日曜日が2本と少なく、自家用車でないと市街地に出にくい。

2009年の試行的交流イベントを契機として2010年1月に住民有志が「ふるさとづくり上高尾の会」を設立、2013年には交流相手である大阪住民グループが「上高尾サポートの会」を形成し組織的な交流を継続している。継続の過程では新たな交流参加者が現れ拡大している。2017年に同地区を訪れた交流参加者は、都市側が延べ1155人、農村側が延べ521人である。継続的に交流に関わる主要な組織・団体は表1、概要は表2のとおりである。

表１　継続的に交流活動に関わる主要な組織・団体

組織・団体名称	概要
ふるさとづくり上高尾の会	任意団体。当初の構成員は15名（男性８名、女性５名、集落外構成員２名）。2018年６月時点での構成員は17名（男性８名［平均年齢72歳］、女性９名［平均年齢67歳］（以下「上高尾の会」）。
シスターズ・ボーイズ	上高尾の会女性メンバーと男性メンバーの愛称。
伊賀市農林振興課	試行的交流イベントを提案。（株）農学にサポート業務、京都大学にアドバイザーを依頼。
株式会社農楽	業務受託期間は2009年から2010年まで。2011年以降も支援を継続する（以下「農楽」）。
京都大学	アドバイザー期間は2009年から2010年まで。2011年以降も支援を継続する（以下「京大」）。
特定非営利活動法人大阪アーツアポリア	現代芸術を通して街づくりに貢献することを目的とする。京大の呼びかけで試行的交流イベントに参加（以下「アーツアポリア」）。
上高尾サポートの会	アーツアポリア構成員の一部及びその知人の定期交流会参加グループ。親子約30名（以下「大阪住民」）。大阪住民有志が上高尾の会を支援しよう上高尾サポートの会（以下「サポートの会」）を形成、その後サポートはおこがましいと「オコシス」に改組。

出所：筆者作成。

表２　継続的な交流の概要

年	交流の節目となる出来事	概要
2009	試行的交流イベント	アーツアポリアがモダンアートの展示、上高尾の会が餅つき、コンニャクづくり、芋煮会等を実施。
2010	ふるさとづくり上高尾の会設立	設立趣意書を全戸配布。賛同した有志で設立。
	交流会継続を決定	上高尾の会がアーツアポリアに提案、交流希望者が賛同。
	定期交流会開始	年間４回の交流会（田植、草取、稲刈、収穫祭）。
2011	農産物出張販売開始	大阪市内で３年間実施。
	上高尾の家設置	大阪住民が上高尾集落での宿泊を希望、上高尾の会が空き家を改修、2016年まで利用。
2012	合同会議@大阪開催	上高尾の会と大阪住民が交流に関する分担を協議。
2013	上高尾サポートの会形成	大阪住民が上高尾の会の活動を支援するため組織化。
2014	ロケットストーブ試作・ピザ窯製作	サポートの会が情報提供・設計、上高尾の会が施工。
2015	みつばちプロジェクト開始	都市側・農村側有志が巣箱を設置。
2016	サポートの会がオコシスに改組	サポートの会が、自然体で活動することを目的に改組。
	大人の部活動開始	ダイズ部・ナタネ部・コメ部・火木土部・炭焼き部・染め部・ジビエ部（都市側・農村側有志で小グループを形成）。
2017	ツリーハウス設置	近畿大学学生サークルが休憩所を設置。
2018	定期交流会の縮小	上高尾の会高齢化で米作りの中止を提案、オコシスが受入れる。希望者はコメ部活動に参加。

出所：筆者作成。

3 交流内容の変化──「もてなし」から「言いたいことを言える関係」へ

上高尾での交流は、「農村側が都市側をもてなすかたち」で始まった。年間4回の定期開催でほぼ固定されたメンバーが顔を合わせるうちに、都市側に「農村側を支援したい」「上高尾での滞在時間を延ばしたい」動きがみられた。ただし、農村側がもてなす形は継続され、「もてなし疲れ」が顕在化した。

順を追ってみてみよう。試行的交流イベント（2009年）は、農林振興課と京大がそれぞれ上高尾地区住民有志とNPO法人大阪アーツアポリアに呼びかけて開催された。住民有志（農村側）はイベント企画・調理・会場設営を行い、アーツアポリア（都市側）は用意されたメニューを楽しんだ。アーツアポリアに属する芸術家は自分の作品を集落内の農地に展示した。普段できない体験であり評価が高かったものの、事後のヒアリングでは「ここでしかできないことではない」「交通が不便で頻繁には来られない」「もてなしが申し訳なさすぎる」との感想もあった。事実、都市側の経費負担は最寄り駅までの交通費だけで、駅からは農村側が送迎した。ただし、小さな子供のいる親からは、「子供がはしゃぐのがうれしい」「また来たい」といった感想があった。農村側の多くは「景観が評価され誇らしい」「小さな子供が来てくれてうれしい」「都会の話を聞けて新鮮」と肯定的な感想だった。

2010年に定期交流会が始まり回を重ねると、農村側から労力的・経済的負担の軽減や「言いたいことを言える関係」「負担を分担する遠慮のない関係」を求める声が多く出た。都市側は「農村側の役に立ちたい」「遠慮なく自分の都合で上高尾を訪れたい」と大阪市での農産物出張販売をコーディネートし宿泊希望を声に出した。

転機は2012年であった。双方の気持ちを率直に相手に伝える「合同会議@大阪」を開催し、双方の気持ちを相手にぶつけたのである。会議では、交流を継続することと経費・労力を双方で分担することが合意された[3]。以後、経費は開催ごとに都市側農村側の参加人数で案分し一人当たりの負担が等分されている。労力は等分しにくいが、事前に役割分担を合意している。

2013年には都市側が、上高尾サポートの会（以下、「サポートの会」）を立ち上げ、農村側を支援する活動を始めた。農村側が備えたかった暖房用ストーブの情報提供やピザ窯の設計である。

2015年には農村側・都市側の有志がニホンミツバチの採蜜を目的に巣箱設置を始めた。将来の特産品販売を見据えてのことである。有志メンバーによる交流から生まれた生産的活動といえる[4]。

2016年には、サポートの会は改組してオコシスとなった[5]。「サポート」と冠を付けるのがおこがましいと感じたからである。同時期に、みつばちプロジェクトの開始で触発されたメンバー有志が部活動を始めた。草木染・鹿の角細工・菜種油の製造、焚火、木炭づくりなど農村環境でこそ出来る活動である。経費はそれぞれの部の単独会計である。

2017年には、学生サークルがツリーハウスを建設している。注目すべきは、農村側は学生の求める建設用地・伐採林・用具などを提供・貸与したものの作業の手伝いはしていない点である。高齢になると若者にあれこれ口を出したくなるが、「黙って見守る」「好きにさせる」良い意味でドライかつ成熟した対応が見て取れる。

2018年には、8年継続した定期交流の米作りを縮小している。農村側がさらに高齢化したこと、都市側の子どもたちが中学生・高校生になりいわゆる「どろんこ体験」希望者がいなくなったことが原因である。ただし、大人たちの部活動は継続している。

4 交流が農村にもたらす変化——「上高尾の会」独自の活動

交流が継続するにつれ、上高尾の会は新たな活動を始めている（表3）。活動の立案は、毎月全員が集まる定例会でなされる。2010年の設立以降欠かさず開催されている。定期交流会が始まった2010年頃は、事務局長T氏が交流準備の素案を提示し他のメンバーが了承するかたちであった。終了後の懇親会が楽しみで集まっていた側面もある。

ただ、メンバーの多くは交流会を重ねるうちに「もてなし疲れ」と、T氏の素案に対する「やらされ感」を感じるようになった。そこでT氏は学習会を企画した。講師の三重大学名誉教授は「都市農村交流の目的は自分自身が楽しむことであり、楽しむことが農村資源の保全に役立つ」と平易に説いた。定例会は、この学習会を契機に「自分たちが楽しむためにどうするか」を考える場に変化していった。同年には、女性メンバーを男性メンバーが慰労する会が企画された。それまで、交流会の調理は女性メンバーが担っていたが、逆転が「面白い」「新鮮」との発想である。

農産物出張販売を経験し「接客」に自信をつけたメンバーは、交流継続の経費捻出を目的に特産品づくりを定例会で話し合い「藁灰こんにゃく」の技術講習会を開催した。2013年には、オリジナル米袋の製作・コンニャク加工場の設置など利益確保の具体的行動を始めている（写真1）。自分たちが楽しもうとする農村側独自の活動である。これらは、伊賀風土FOODマーケット、伊賀ぶらり体験博覧会への参加など不特定多数

表３　上高尾の会独自の活動

年	生活の質を向上させる活動	生活の質を向上させる活動における行動
2010	定例会の開始	毎月１回開催。終了後は懇親会。
2011	学習会の開催	三重大学名誉教授が交流の意義について講演。
	男性が女性をもてなす会	男性メンバーが女性メンバーを慰労する会開催。
2012	藁灰コンニャク作り研修	藁灰で凝固するコンニャク作り研修。
2013	オリジナル米袋製作	「上高尾源流米」と名づけた米袋を製作。
	藁灰コンニャク加工場設置	商品名藁コンちゃん。販売開始。
2014	藁灰コンニャク定期販売開始	市街地の催事（伊賀風土FOODマーケット）で藁灰コンニャク・農産物を販売。
	着地型観光開始	伊賀ぶらり体験博覧会で藁灰コンニャク作りを観光商品として販売。
2015	ワンデーシェフ体験	隣接市のワンデーレストランでシスターズが「上高尾・秋てんこ盛ランチ」を販売。
2016	二瀬屋（宿泊施設）設置	数十名が宿泊できるよう古民家を改修。
	ハナレオープン	旧中学校分校を改修し、レンタルスペース「ハナレ」オープン。
	農家レストラン開業	ハナレで毎月１回営業。
2017	ニコニコルーム開始	シスターズがハナレで健康教室を開催。
2018	ワンデーレストラン	都市側がハナレでレストラン開業。

出所：筆者作成。

の外部者と接する活動につながり、さらに接客の自信を増している。

女性メンバーも「自分自身が楽しむ」活動を始めた。藁灰こんにゃくや自家消費用の「丁寧に栽培した野菜・果物」を活用した農家レストランの開業である。隣接する名張市で販売した弁当完売に自信をつけ、２０１６年には、レンタルスペース・ハナレで農家レストランを開業した（写真２）。予約制のランチは１０００円、毎回満席の盛況である（写真３、４）。

物販・飲食など生産的な活動を始めた頃から、男性メンバーは「ボーイズ」、女性メンバーは「ガールズ」と都市側から呼ばれるようになった。多くが還暦を過ぎているがまんざらでもない様子である。ガールズは、地区内の自分たちよりも高齢者を対象にニコニコ教室を開始した（写真５）。体操や手芸・工芸など有料の福祉事業である。

「自分自身が楽しむ」活動では、新たな役割

写真１　パック詰めされた藁コンちゃん

写真２　レンタルスペース・ハナレ

写真３　夏のランチ

写真４　盛況なレストラン

写真５　ニコニコルーム開催予告

写真はすべて筆者撮影。

分担がされている。手打ちそば・藁灰こんにゃくはボーイズ、農家レストラン・ニコニコルームはガールズが主導している。農家レストランではガールズが材料調達・献立・調理・配膳など主要業務を担い、ボーイズは生ごみ処理・駐車場整理などを担うことでガールズを支えている。これらは、独自の会計を持ち金銭授受を伴っている。農家レストランはシスターズが自家消費用に栽培した野菜を各自が等分量を持ちより、単価を定めて個人に支払う。ニコニコルームは高齢者から参加費２００円を徴収する。独自の会計からは協議会にハナレ使用料が支払われる。

これら独自の活動は都市農村交流がもたらした変化であり、自分自身で生活の質を向上させる効果を発揮している。

5　交流継続のための要因

事例における交流継続要因は、交流対象のターゲッティング、上高尾の会におけるリーダーシップ、毎月の定例会、行政・大学などの外部支援、金銭授受、丁寧に保全された農村環境の6点があげられる。

(1) ターゲッティング

試行的交流イベントに都市側の参加を募るにあたり、京大は組織活動の実績を有するアーツアポリアに特定して呼びかけた。モダンアートの芸術家は農村景観を作品展示場所として評価するであろう、また都市側の意向集約には組織としての意思決定が適するであろうと予測したからである。イベント参加者のうち定期交流会に継続参加したメンバーは一部であるものの、彼らが「農村に価値を見出す友人・親戚」を呼び込むことで上高尾の会と組織対組織の交流が可能となり一貫性のある意思決定・価値観の共有が容易になった。

（2）リーダーシップ

上高尾の会は任意団体であり、自治組織である上高尾集落との間で共有財産の使用・情報伝達などの調整を要する。初代会長O氏は区長経験者で地域の信望を集める存在だった。伊賀市からのモデル事業提案を快諾し自治組織と併存するかたちで上高尾の会設立を先導した。現会長（2代目）Y氏も区長経験者で、よそ者がムラに入る懸念の声に丁寧に対応し続ける。事務局長T氏は大手電機メーカーを退職後Uターンしている。企業経験を活かし組織内のハブ機能・組織外へのインターフェイス機能を果たしている。

（3）定例会

上高尾の会の規則は、メンバーに毎月の定例会出席を義務付けている。冠婚葬祭などやむを得ない事情以外は全員が参加し、開催回数は100回を超える。当初は事務局からの伝達の場だったが、「どう楽しむか」を協議する場に変容している。女性の積極的発言も多くなった。金銭授受を伴う活動では、しっかり話して全員が納得する必要があるからであろう。

（4）外部支援

伊賀市からモデル事業に関する支援、三重県から農産加工に関する支援、国のハード整備支援、京大から交流イベントのコーディネートや大学院生の派遣、三重大学から講師派遣や農産物の品質評価、農楽からハード整備地元負担の一時立て替えなど多くの支援を得ている。支援なくしては発展的な継続は容易でなかったであろう。ただし、単に支援を得ているのではなく「支援対象として価値ある存在であろうとする努力」を継続している。(6) 自助努力の結果が支援獲得と考える。

(5) 金銭授受

定期交流会は一人当たりの経費を等分負担し「遠慮」が不要である。大人の部活動は独自会計で運営され参加者が経費を負担する。少額であるものの金銭授受で権利と義務が明確化され、活動継続の要因となっている。藁灰こんにゃく販売、農家レストラン、ニコニコルームなど独自の活動は「顧客」から対価を得ることで活動意欲を継続している。

(6) 農村景観

モデル事業の実施にあたり、農林振興課と京大は候補地を選定すべく視察した。どの集落も丁寧に草刈りがなされ農地を大切にする地域性が感じられたが、清流がひときわ美しい上高尾が候補地となった。ほとんどの都市住民は草刈り作業の身体的負担や危険性を知らない。用排水路や農道の定期点検・補修の必要性も知らないであろう。交流を重ねるとそれら地域資源の保全には親しくなった人々の継続的な努力が必要なことを知り、保全された資源に新たな価値を見出す。保全する人々と価値の共有者になろうとするのである。

6 上高尾の会の選択

上高尾では、来訪者が「いること」「何かをしていること」が日常になっている。来訪者は途中から参加したり何らかの事情で来なくなったりする。新陳代謝しているのである。

上高尾の会の構成は設立当初とほとんど変わっていない。交流活動が10年を経て、定例会では11年目をどう迎えるかが議論されている。平均年齢が70歳に近くなり、「いつまで出来るか」「どう続けるか」という避けられない課題を抱えている。組織内で「無理せず出来るところまでやろう、出来なくなったらやめよう」と「地域外からの入会者・移住者を募ってさらに発展させよう」の考えが併存する。組織を構成する個々人の心の中で「自分が活動できる時期まで続けばいい」と「外部者を呼び込んで活動を存続させたい」考えが揺れ動いていると言った方が正確かもしれない。フェード・アウトか存続かの選択である[7]。

伝統行事の継承や地域資源の保全など農村の悩みは多く、似た議論は国中、特に中山間地域の農村でなされていると推測する。ただし、上高尾をはじめとする交流に取り組む地域には「都市住民を議論に呼び込めるアドバンテージ」がある。親身に農村と向き合う都市住民の存在は交流で得る大きな財産であろう。

注

（1）農林水産省ウェブサイト（2019年12月閲覧）http://www.maff.go.jp/j/wpaper/w_maff/h22/pdf/z_3_4_1.pdf

（2）伊賀市が農林水産省「農山漁村地域力発掘支援モデル事業」の採択を受け、過疎集落の活性化モデル事業として2009年から2010年まで市内上高尾地区で実施。事業仕分けで農林水産省の支援が途絶えたが、住民有志が京都大学・三重大学・三重県・伊賀市・農楽などの支援を得て継続中(2019年)。
(3) 会議は農楽がコーディネートした。
(4) ニホンミツバチのハチミツは希少性が高い。農楽が提案した。
(5) ドイツ語由来の造語で、オコシスに特別な意味はない。
(6) 過疎に悩む他地域との連携、子どものサマーキャンプ受け入れ、金融機関CSRとの協働、地元小中学校の教育支援など。
(7) 筆者は法人化を勧めているが結論は出ていない。

引用文献

齋藤朱未(2014)「都市農村交流に関する研究動向と今後の展開」『農村計画学会誌』33(3)、343~348頁。

第7章 農業経営が地域環境と生態系の維持・保全に果たす役割 ——ツシマヤマネコとの共生を目的とした農業

上西　良廣

本章のキーワード ▼▼▼ ツシマヤマネコ／生き物ブランド米／長崎県対馬市／減農薬栽培／ブランド化

1　生き物ブランド米のひろがり

近年、農業経営を取り巻く環境は著しく変化している。具体的には農業従事者の高齢化や後継者不足、それらにともなう遊休農地や耕作放棄地の増加などの問題が顕在化している。さらには食のグローバル化にともない競争力を強化する必要が生じている。特に、水稲に関しては、国内での消費量が減少傾向にあることや、輸出拡大も見据えて国際競争力の強化などが喫緊の課題である。

このような環境の激化に対する産地の動きとして、地域に固有な生物と関連付けて、米のブランド化を図る動きが見られる。特に、地域のシンボルとなる生物の餌場や生息環境を創造するような栽培基準に従って米を生産し、ストーリー性を持ってブランド化を図る事例が多い。このような米は「生き物ブランド米」と呼ばれる。環境省（２００６）によると「生き物ブランド米」とは、「カモやメダカ、ゲンゴロウなど水田に生息する生き物や、地域に固有な生物と関連付けて生産されたお米であり、多様な立場の人間が関係しており、近年特に注目を浴びている」とされている。田中（２０１５）によると、「生き物ブランド米」は２０１０年の時点で全国に39事例が存在する。保全対象となっている生物はメダカ、トンボ、ドジョウなどが多い。これらの事例の中でも、地域に固有な生物と関連付けて米のブランド化を図っている事例としては、「コウノトリ育むお米」(1)（兵庫県豊岡市）や「朱鷺と暮らす郷づくり認証米」(2)（新潟県佐渡市）、「ツシマヤマネコ米」（長崎県対馬市）などがある。

本章ではこれらの事例の中でも、保全対象となっている生物に関して、環境省が「絶滅危惧ⅠA類」に分類し、地域内に保護増殖施設を作って積極的に保護活動を行っているツシマヤマネコの事例に注目することとする。ツシマヤマネコは長崎県対馬市だけに生息する生物であり、対馬ではツシマヤマネコとの共生を目的とした農業が営まれている。

2　長崎県対馬市とツシマヤマネコの関係

「ツシマヤマネコ米」は長崎県対馬市において生産されている。対馬は朝鮮半島と九州の間に位置し、福岡までは１３９km、韓国釜山までは49kmであり国境の島である。本島の面積は上島と下島を合わせて約７００平方kmであり、佐渡島、奄美大島に次ぐ日本で3番目に大きな離島である（図1）。南北が82km、東西が18kmの細長い島である。全島の約89％が山林に覆われており、島全体で急峻な山が海岸まで連なり平地がほとんど存在しない。耕地面積は約８９７haであり、対馬の総土地面積のわずか1・3％にとどまる。集落の多くは海岸

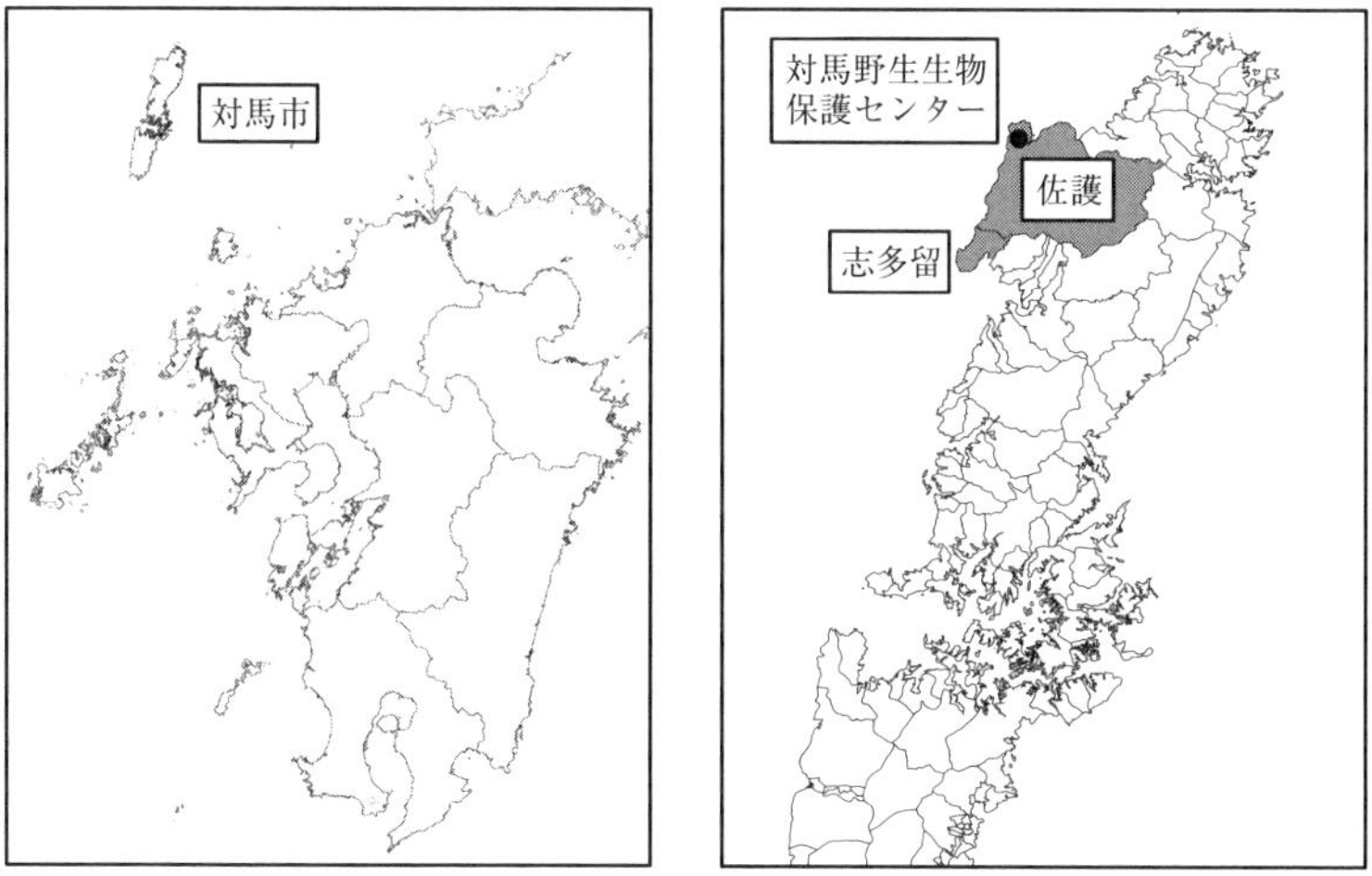

図１　対馬市（左）と対馬市内において本章が対象とする地域（右）の位置関係

沿いに点在している。

２０１５年農林業センサスによると、総農家は１１１１戸、１戸あたりの平均耕地面積は０・81ha、販売農家は５４１戸である。兼業化の進行と農業従事者の高齢化が進み、担い手不足が深刻化している。対馬では水稲に加え、肉用牛（褐毛和種）、対州そば、ニホンホンミツバチの蜂蜜、アスパラガスなどの特産品が生産されている。

図２は対馬市における水稲作付面積の推移を表している。２０１７年度の水稲作付面積は２５６haであるが、作付面積は減少傾向にあることがわかる。主要な作付品種はヒノヒカリとコシヒカリであるが、近年は「なつほのか」[3]の作付も拡大傾向にある。

ツシマヤマネコは長崎県対馬市だけに生息する野生のネコで、約10万年以上前に当時陸続きであった大陸から渡ってきたと考えられている。日本に生息するヤマネコはツシマヤマネコとイリオモテヤマネコ（沖縄県西表島）の２種で、いずれも絶滅危惧種に指定されている。

ツシマヤマネコは１９６０年代には対馬全島に約３００頭生息していたが、生息環境の悪化や交通事故などによって個

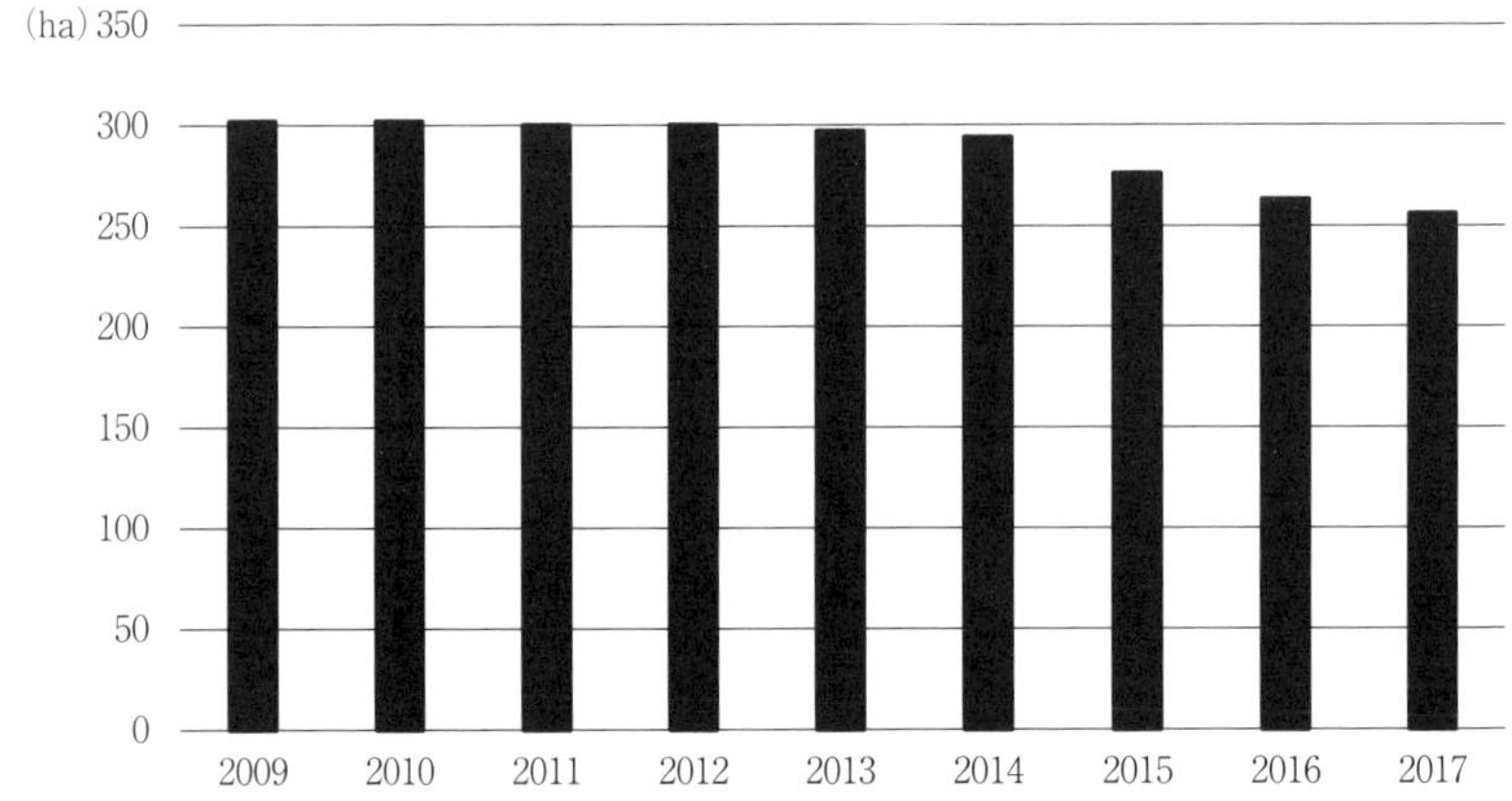

図2　対馬市の水稲作付面積の推移
資料：農林水産省統計部「作物統計調査」各年データをもとに筆者作成。

体数が減少し、現在の生息数は100頭弱と推定されている。絶滅が危惧されているため、環境省の主導により保護増殖の取り組みがなされている。1971年には国の天然記念物に、1994年には国内希少野生動植物種に指定された。環境省レッドリストでは絶滅の恐れが最も高い「絶滅危惧ⅠA類」に分類されている。ツシマヤマネコはネズミや鳥類、カエルなど里山環境に生息している生物を餌とするため、水田は好適な生息環境の一つである。かつては水田周辺において頻繁に目撃されたことから、別名「田ネコ」とも呼ばれている。

対馬島内にある対馬野生生物保護センターは、対馬の野生生物の保護拠点となる環境省の施設である（図1）。1997年に開設し、ツシマヤマネコなど野生生物の生態や現状についての解説、野生生物保護への理解を深めるための普及啓発活動や稀少野生生物の保護事業などを実施している。

ツシマヤマネコとの共生を目的とした農業は、「佐護ヤマネコ稲作研究会」（上県町佐護）と、「田ノ浜ツシマヤマネコ共生農業実行委員会」（上県町志多留）の2つの組織で取り組まれている（図1）。そこで本章では、地域環境や生態系の維持・保全を目的とした取り組みとして、「佐護ヤマネコ稲作研究会」

と「田ノ浜ツシマヤマネコ共生農業実行委員会」を事例として取り上げ、各組織による米生産の概要と取り組み経過を整理し、取り組みをさらに発展させる上での課題を抽出する。

なお、ツシマヤマネコと関連付けた米生産は、すでに取り組み開始から5年以上が経過しているが、取り組み面積は拡大または維持されており、「生き物ブランド米」の中でも比較的順調に普及している事例として位置付けることができる(4)。

3 佐護ヤマネコ稲作研究会の活動と展開

表1は佐護ヤマネコ稲作研究会(以下、研究会)の活動経過を整理したものである。研究会を設立したのは、2009年春に対馬野生生物保護センター(以下、対馬保護センター)から研究会設立の話があったことがきっかけである。具体的には、ツシマヤマネコの餌場となる水田を作り出すために、減農薬栽培など水田内や水田周辺の生物を増やすような農業に取り組んで欲しいという依頼があったという。そこで、地区内の住民で3、4回協議を重ねた後、2009年7月末に佐護ヤマネコ稲作研究会を設立した。研究会を設立した当時のメンバーは11名であり、このうち農業者は4名であった。

表1　佐護ヤマネコ稲作研究会の活動経過

年度	活動内容
2009	・環境省(対馬野生生物保護センター)から研究会を設立する話があり、7月末に「佐護ヤマネコ稲作研究会」を設立した。メンバーは11名。
2010	・「佐護ツシマヤマネコ米」の生産開始。
2013	・田んぼのオーナー制度開始。
2017	・京都市動物園でツシマヤマネコのグッズ販売イベントを開催。
2019	・ヤマネコ米の品種として「なつほのか」が追加される。

資料:ヒアリング調査結果をもとに筆者作成。

表2　ツシマヤマネコ米の栽培基準

	必要事項	努力事項
環境配慮	・化学農薬削減 節減対象農薬使用回数を慣行農法の5割減(12成分以下) ・化学肥料削減 窒素成分量を慣行農法の5割減（5kg/10a 以下）	・無農薬栽培 栽培期間中農薬不使用
生き物共生策	・中干し延期 ・畦草管理	・水田の一部に生きもの避難用の溝を造成 ・水田魚道の設置 ・休耕田をビオトープとして整備 ・冬期湛水または早期湛水の実施
資源循環	・有機資材による土づくり	
研究と普及啓発	・試験田の設置 ・年３回以上の生き物調査 ・栽培方法の改良に向けた研究開発	・地域住民との協働 ・市民参加型の生き物調査実施 ・交流イベントへの参加　等
その他	・佐護地区の圃場で栽培されている	・エコファーマーの認定を取得

資料：佐護ヤマネコ稲作研究会のウェブサイト（http://www.yamanekomai.com/9criteria.html）を参考に筆者作成。

２０１７年度のメンバーは21名（農業者8名、非農業者13名、２０１８年1月時点）となっている。農業者に関しては8名ともエコファーマーとして認定されており、このうち4名は認定農業者となっている。非農業者は、生き物調査やオーナー制度のイベント等の手伝いを行っている。佐護地区以外の住民も会員に入っている。

研究会のメンバーが栽培基準にもとづいて生産した米は、「佐護ツシマヤマネコ米」（以下、ヤマネコ米）という商品名で販売している。販売価格（税込み、２０１９年10月時点）は5kgが３０００円、3合（４５０g）が５００円であり、研究会のホームページ上や福岡市の米穀店、対馬空港などで販売している。研究会が販売価格を決定している。「ヤマネコ米」の売り上げの一部は、ツシマヤマネコの保全活動に充てられる。

研究会の活動内容としては、「ヤマネコ米」の栽培基準の設定と認定、「ヤマネコ米」の生産と販売、試験田および対象田の設置、田んぼの生き物調査、水田魚道やビオトープの設置、田んぼのオーナー制度の実施、ヤマネコ保全活動への寄付などがある。

田んぼのオーナー制度は２０１３年度から開始し、２０１８年度のオーナー数は51名であった。一口３万円で年３回のイベント（田植え体験、生き物調査、収穫）に参加できることに加え、オーナー水田で生産された「ヤマネコ米」30kgを受け取ることができる。オーナー制度は２名の農業者が毎年交代で担当している。オーナーの中には関東在住の方も多いが、対馬で開催するイベントの参加者は対馬近郊の方が多い。

表２は、研究会が定めた「ヤマネコ米」の栽培基準である。農薬と化学肥料の地域慣行比５割減に加え、ヤマネコの餌生物を確保するために中干し延期や、生き物調査を実施することが要件として定められている。研究会に所属する農業者は、種子の調達から生産管理、精米、袋詰め、発送などの作業は個々で実施している。「ヤマネコ米」の栽培基準に関しても、農業者が個々で遵守することになっており、メンバー間での確認作業などは行っていない。研究会は「ヤマネコ米」に関する情報発信や、研究会のホームページ上で「ヤマネコ米」の注文を受け付ける等の機能を果たしている。「ヤマネコ米」の注文があった際は、農業者に個別に精米、発送の依頼をする。研究会が農業者から米を購入して販売するという形はとっていない。米の売上金は研究会に入るため、個々の農業者の販売数量に応じて売上金を配分している。大口の取引先としては動物園（園内のレストラン）と福岡市の米穀店がある。対馬空港では３合袋を販売している。

佐護地区の水稲作付面積は約80haであり、そのうち約30ha（２０１７年度）の水田で、研究会のメンバーが「ヤマネコ米」を生産している。このうち10aのみが無農薬栽培であるが、残りは減農薬栽培である。無農薬栽培に関しては特定の農業者が毎年圃場を固定して生産している。佐護地区で「ヤマネコ米」の生産に取り組むまでは、全ての農業者が慣行栽培であったため、減農薬栽培などの経験は全くなかった。

２０１８年度までは「ヤマネコ米」の品種をヒノヒカリのみとしていたが、２０１９年度からはなつほのかの販売も開始した。

研究会に所属する農業者の「ヤマネコ米」の生産面積は約30㏊であるが、大規模に「ヤマネコ米」の生産に取り組んでいる農業者として、研究会の現会長であるA氏と生産者B氏に注目し、「ヤマネコ米」の生産に取り組むまでの経緯と、両氏による「ヤマネコ米」の生産状況について紹介する。

研究会会長A氏

A氏は2018年1月時点で62歳である。2008年に専業農家となったが、それまでは農繁期に父親の農業を手伝う程度であった。2017年度の経営面積は水稲が約17㏊であり、このうち約90％の面積で「ヤマネコ米」を生産している。水稲以外の経営品目はシイタケである。

対馬保護センターの職員からヤマネコの餌場となる水田を創出することを目的として研究会を設立する話があり、立ち上げ当初から研究会に農業者として参加して「ヤマネコ米」の生産に取り組んでいる。それまでは慣行栽培にしか取り組んだ経験がなく、減農薬や減化学肥料栽培などに取り組んだ経験はなかった。また、減農薬栽培などに取り組みたいとも考えていなかったが、対馬保護センターから協力の依頼があったため、「ヤマネコ米」の生産に取り組むこととした。

当時は地区内でも全ての農業者が慣行栽培に取り組んでおり、あたり一面が真っ白になるぐらい農薬を散布していたという。そのため、「ヤマネコ米」の生産を始めた当初、つまり減農薬栽培などを始めた時には、他の農業者からは好奇の目で見られ、「減農薬にしたら米はとれない（単収が下がる）」と言われ嘲笑されたという。しかし、「ヤマネコ米」の生産を始めてから2、3年が経過した後、水田で生まれて初めてヤマネコの姿を見て「心を奪われた」という。その後に何回もヤマネコを目撃したこともあり、「ヤマネコ米」の生産を現在まで継続している。

また、「ヤマネコ米」の生産を開始してから4年目頃には、減農薬栽培でも米の品質が確保され、単収もある程度は確保できるということが周囲の農業者にも理解されるようになり、嘲笑されるようなことはなくなったという。

生産者B氏

B氏は２０１２年頃に研究会に参加したため、他のメンバーと比べると比較的遅い時期に活動に参加した。２０１８年9月時点で49歳である。研究会から土地改良区の職員として参加してほしいという打診があった際には、佐護地区で取り組んでいる取り組みなので参加せざるを得ないと考えて参加を決意した。参加した当初は農業者としてではなく、土地改良区の職員として参加したため、生き物調査やビオトープの設置などの作業をした。

２０１１年から父親の農作業を手伝うようになり、２０１３年に新規就農して本格的に営農を開始した。新規就農に係る補助金を活用して農業機械を購入し、トラクター2台、田植え機（4条）１台、コンバイン１台を所有している。

２０１８年度の経営面積は水稲７・１haであり、全面積で特別栽培米を生産している。経営面積は毎年約１haずつ拡大したが、この背景には高齢化によって地区内で離農する農業者が多く、遊休農地が多く存在することが関係している。現在も週3日は土地改良区の仕事をしており農作業ができる時間に制約があるため、経営面積のさらなる拡大は考えておらず、規模を維持したまま「ヤマネコ米」の生産を継続する予定である。

水稲経営面積のうち主食用米が４・４ha、飼料用米が２・７haである。主食用米はなつほのかとヒノヒカリを作付しており、主食用米の全面積で「ヤマネコ米」を生産している。佐護地区は水田一筆あたりの面積が小さいため、水田の枚数は40数枚になる。

　ヤマネコに対しては、対馬のみで生息している貴重な動物で、佐護地区で特に守っていかなければならないという思いを持っている。「ヤマネコ米」を生産し始めた後に、生まれて初めて水田でヤマネコを見たという。

4　田ノ浜ツシマヤマネコ共生農業実行委員会の取り組み

　上県町志多留の田ノ浜地区には12世帯23名（２０１６年11月末）が居住しており、ツシマヤマネコの拠点生息地域の一つである。地区の水稲作付面積は14haである。表３は「田ノ浜ツシマヤマネコ共生農業実行委員会」（以下、委員会）の活動経過を整理したものである。２０１２年度に委員会を立ち上げ、対馬のＰＲポイントであるツシマヤマネコとの共生と、農業の安心安全を結びつけた米のブランド化の取り組みを行っている。委員会では当時、長崎県で２か所目となる長崎県特別栽培農産物[5]の認証取得（水稲）や、対馬では初めてとなる田んぼのオーナー制度に取り組んでいる。委員会での栽培基準は、農薬の成分使用回数が４回、化学肥料の窒素成分が４kg／10ａ以下としている。しかし、２０１４年度には農薬使用量を７割減、２０１５年度には８割減、２０１６年度には９割減とするなど栽培基準を徐々に厳しくしている。

　委員会に所属する農業者が生産した米は、「田ノ浜とらやま共生米」（以下、とらやま米）という商品名で販売している。「とらやま」とは、体のサイズが大きいツシマヤマネコの地元での呼び名であり、今は見られなくなった「とらやま」を再び見ることができるような地域環境と自然環境を米作りによって創造していきたいという思いを込めて命名した。２０１８年度に委員会に所属する農業者は６名である。

表3　田ノ浜ツシマヤマネコ共生農業実行委員会の活動経過

年度	活動内容	オーナー制度会員数
2012	・地元の有志が集まり、「田ノ浜ツシマヤマネコ共生農業実行委員会」を立ち上げた。 ・「田ノ浜とらやま共生米」の生産開始。 ・田んぼのオーナー制度開始。	8名
2013	・米収穫イベントを実施。 ・田ノ浜地区の農業者5名がエコファーマーとして認定される。	17名
2014	・「田ノ浜ツシマヤマネコ共生農業実行委員会」が長崎県特別栽培農産物の認定を取得。 ・「田ノ浜とらやま共生米」の農薬使用量を当地比7割減で栽培。	20名
2015	・「田ノ浜とらやま共生米」の農薬使用量を当地比8割減で栽培。	20名
2016	・田ノ浜田んぼのオーナー制度の契約農家が1名増加。 ・「田ノ浜とらやま共生米」の農薬使用量を当地比9割減で栽培。	20名

資料：ヒアリング調査結果と提供資料をもとに筆者作成。

委員会では、水路やため池の維持保全や、島内の小中学生を対象とした生き物調査、田んぼのオーナー制度などの活動を実施している。オーナー制度の年会費は3万円で、年3回のイベント（田植え体験・草刈り、生き物調査、収穫）に参加できることに加え、オーナー水田で生産された玄米30kgを受け取ることができる。

委員会による取り組みの概要と取り組み経過を把握するため、委員会の会長であるC氏による「とらやま米」の生産状況について紹介する。

委員会会長C氏

C氏は長年専業農家であり、74歳（2019年9月時点）である。1995年にエコファーマーとして認定された。2018年度の経営面積は4.6haである。主食用米に加え、WCSと飼料用米も作付している。主食用米はヒノヒカリ47a、なつほのか25a、オーナー制度の水田として48aを確保し、残りの面積でWCSと飼料用米を生産している。水稲以外には対馬の特産品であるアスパラガスの生産や、肉用牛を8頭飼育している。

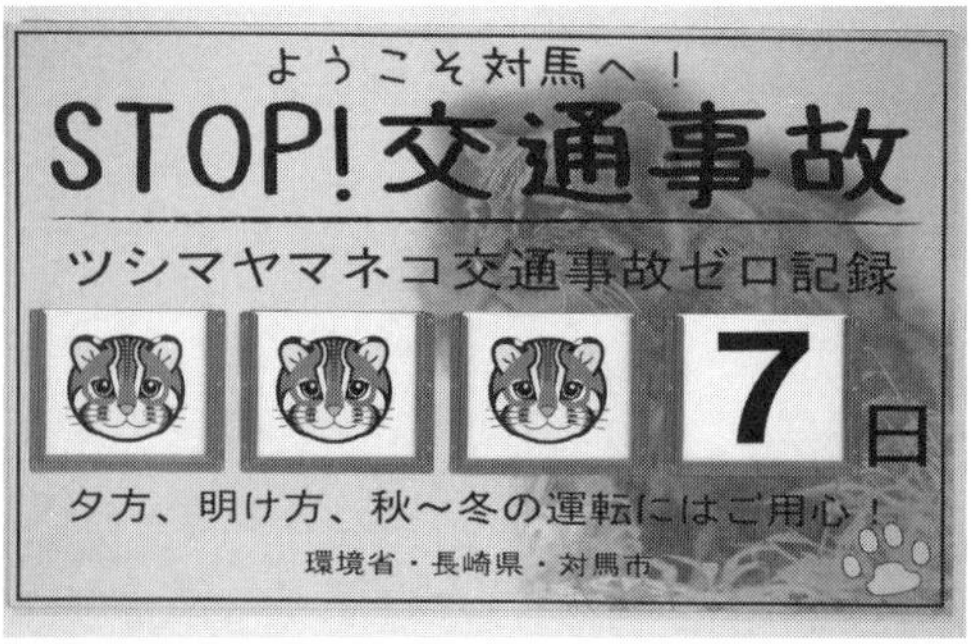

写真　（右）ツシマヤマネコの「福馬」（対馬野生生物保護センター）、（2019年7月に死亡）
（左）車の運転を注意するよう呼びかける看板（対馬市内）

主食用米の全面積72ａで「とらやま米」を生産している。生産した「とらやま米」はオーナー制度の特典として発送したり、インターネットで販売している。特別栽培農産物の認証を取得しているため、この基準に従って栽培している。

ヤマネコは対馬のシンボルであると思っているので、農業でヤマネコの餌場づくりに貢献したいと考えている。「とらやま米」の生産に取り組む以前には、幼少期に一度しかヤマネコを見た経験がなかったが、近年は頻繁にヤマネコを目撃するようになった。

今後は、米の競争力と販売力のさらなる強化が委員会の課題であると考えているので、委員会で有機ＪＡＳの認証を取得するなどして、「とらやま米」のさらなる差別化を図りたいと考えている。

5　取り組みの維持・発展のために

本章では、農業経営が地域農業や地域環境を維持するための取り組みとして、ツシマヤマネコと共生する農業によって米のブランド化を図っている「佐護ヤマネコ稲作研究会」と「田ノ浜ツシマヤマネコ共生農業実行委員会」を取り上げ、各組織の取り組み概要を整理し、さらに発展させるにあたって必要となる活動などを整理することが目的であった。そこで最後に、地域に固有な生物と関連付けて、地域農業や地域環境を維持するための農業生産を維持・発展させるために必要な取り組みを提示する。

第一に、「生き物ブランド米」の取り組みは、慣行栽培と比較して労働時間の増加や減収など農業者にとってリスクをともなうものである。そのため、高い買取価格を実現して買い支えることや、補助事業などによる経済的支援、さらには技術的支援が必要不可欠である。そこで、ブランド米の販売主体が、環境にこだわって生産した米などを扱っている百貨店やスーパーにおいて営業活動を実施したり、スーパーの店頭やイベントなどにおいて消費者に向けて販促活動を実施することが有効であると考えられる。また、兵庫県豊岡市の「コウノトリ育むお米」の場合は、産地ぐるみでブランド化を図り、輸出を拡大するために海外で販促活動を実施しており、このような取り組みも有効である。以上のような取り組みによって継続的に販路を拡大、または維持することで、農業者が「生き物ブランド米」に取り組む上での経済性を確保することが重要である。

第二に、第一の販路の維持・拡大とも密接に関連するが、商品としてのブランド力を向上させるために、栽培基準を厳格化することや、有機ＪＡＳなどの認証を取得することが有効であると考えられる。これらの点において他商品と差別化できる可能性があり、消費者への訴求効果が高くなると考えられる。

【謝辞】対馬市で調査を実施するにあたっては、荒木誠氏（長崎県農林技術開発センター・所長）と土井謙児氏（長崎県農林技術開発センター・研究企画部門研究企画室）に多大なるご尽力を頂いた。改めて感謝の意を記す。また本章は、日本学術振興会若手研究（Ｂ）（研究代表：上西良廣、課題番号：17K15336）による研究成果にもとづくものである。

注

（1）「コウノトリ育むお米」に関しては、本書のシリーズ本である『「農企業」のリーダーシップ』と『進化する「農企業」』（上西ら（2017）、上西（2015））において、取り組み概要や取り組み経過、農業者の導入動機などについて紹介した。

（2）「朱鷺と暮らす郷づくり認証米」の取り組みや取り組み経過に関しては、伊藤（2014）や桑原（2015）などを参照のこと。

（3）「なつほのか」は鹿児島県農業開発総合センターで育成され、2016年に品種登録された品種である。「にこまる」（農研機構九州沖縄農業研究センターが育成）を父、「西南115号」を母として人工交配した品種である。長崎県では2016年度に奨励品種として採用した。長崎県内で広範に普及しているヒノヒカリと比べると、出穂期が7日、成熟期が11日程早い早生品種である。高温耐性に優れ良質で、ヒノヒカリ並みの良食味である。県北や山間部における単収向上や水田の高度利用体系を目指して積極的に普及活動が展開されている。詳しくは、長崎県（2015）『（成果情報名）水稲普通期早生有望品種「なつほのか」の特性』を参照のこと。

（4）上西（2019）では、「生き物ブランド米」の中で普及活動を開始してから10年以上が経過しており、かつ国または地方自治体がそれぞれ保護すべき対象として措定している生物に関して野生復帰、あるいは保護増殖の取り組みに関与している事例として、「コウノトリ育むお米」と「朱鷺と暮らす郷づくり認証米」を取り上げた。各栽培技術の普及過程に影響を及ぼした要因を分析したが、前者は普及開始から10年が経過した以降も普及率が継続的に高くなっている事例、後者は普及開始から数年が経過した以降は普及率が頭打ちの状態となっている事例として位置付けた。

（5）長崎県特別栽培農産物とは、化学的に合成された肥料と農薬両方の使用量を県の慣行基準の2分の1以下に抑えて生産した農産物のことである。長崎県の慣行水準（普通期）では化学肥料の窒素成分は10kg／10ａ、農薬の成分使用回数は24回であるため、特別栽培農産物では化学肥料の窒素成分は5kg／10ａ以下、農薬の成分使用回数は12回以下となる。

引用文献

伊藤亮司（2014）「「トキと共生する米づくり」の現段階と課題」『農業と経済』80（9）、66～71頁。

上西良廣（2019）「生物多様性保全型技術の普及過程に影響を及ぼす要因に関する分析」『農林業問題研究』55（2）、73〜80頁。

上西良廣・坂本清彦・塩見真仁（2017）「新技術の先行導入者が技術普及に果たす役割――コウノトリ育む農法を事例として」小田滋晃・伊庭治彦・坂本清彦・川﨑訓昭『「農企業」のリーダーシップ――先進的農業経営体と地域農業』昭和堂、111〜128頁。

上西良廣（2015）「新たな農法による産地形成の実態――兵庫県豊岡市の「コウノトリ育む農法を事例として」」小田滋晃・坂本清彦・川﨑訓昭『進化する「農企業」――産地のみらいを創る』昭和堂、209〜235頁。

環境省（2006）『第3回生物多様性国家戦略懇談会資料』。

桑原考史（2015）「佐渡における環境保全型農業の到達点と課題」『農業問題研究』46（2）、8〜19頁。

田中敦志（2015）「農業生産における生物多様性保全の取り組みと生きものブランド農産物」矢部光保・林岳『生物多様性のブランド化戦略』筑波書房、15〜43頁。

第8章

地域に焦点を当てた有機農産物認証システム

——日本における参加型認証制度普及の可能性

横田　茂永

本章のキーワード ▶▶▶ 第三者認証／ＰＧＳ／ＩＦＯＡＭ／ステークホルダー／有機ＪＡＳ

1　参加型認証制度の再評価

欧米で積極的に取り組まれていた有機食品の第三者認証の仕組みは、先進国を中心に法制度化が進められ、１９９９年７月にはＦＡＯとＷＨＯが合同で設立する国際食品規格委員会（コーデックス委員会）による有機食品のガイドラインが制定されている。日本でも、１９９９年のＪＡＳ法（制定当初は「農林物資の規格化及び品質表示の適正化に関する法律」、現「農林物資の規格化等に関する法律」）改正によって、有機食品の第三者認証制度（以下、有機ＪＡＳ）が始まり、現在に至る。

日本の有機ＪＡＳほ場の面積は、２０１８（平成30）年度で１万７９２ha、国内の耕地面積に占める割合では約０・24％と１％に満たない状況が続いているが、世界的にはＥＵやアメリカを中心に第三者認証された有機農産物市場の拡大が著しい。

そのような状況のなかで、これまで第三者認証の推進役であったInternational Federation of Organic Agriculture Movements（IFOAM - Organics International：以下ＩＦＯＡＭ[1]）が、Participatory Guarantee Systems（ＰＧＳ）の推進にも取り組みだしたのである。

ＰＧＳは、参加型認証制度と邦訳されており、「地域に焦点を当てた有機農産物等の品質保証システム」であり、「信頼、社会的なネットワーク、知識の交換の基盤の上で、利害関係者の積極的な参加活動に基づいて、生産者を認証する」ものとされている。

国際貿易の増加を伴う第三者認証の取り組みに対して、小規模な有機農家とその消費者が取り組むＰＧＳもまた地域と密着した仕組みとして40年以上にわたって存在していることを評価し、地域の有機農産物市場を開発するための最も有望なツールの１つと見なしている。

これを踏まえて、ＩＦＯＡＭでは、ＩＦＯＡＭ ＰＧＳ認定プログラムを通じて、各国・地域のＰＧＳの認定を行っている。ＰＧＳに取り組む生産者は、ＩＦＯＡＭへの加入と、その生産基準がＩＦＯＡＭの示す基準（IFOAM Family of Standards）に適合することを条件として、ＩＦＯＡＭに認定を申請することができる。認定を受けたＰＧＳは、ＩＦＯＡＭ ＰＧＳロゴマークをウェブサイトやパンフレットなどに使用することが許可されるが、製品に直接表示することはできない[2]。

日本でも、ＰＧＳについて議論されるようになってきたが、谷口（２０１５）は、第三者認証に比べて取り組みのハードルは低いものの、第三者認証が法制度化されている先進国等では、ＰＧＳで認証された農産物に有機表示ができないという条件があることから、その普及については課題もあるとしている[3]。

本章では、２０１９年現在で、日本で唯一ＩＦＯＡＭ ＰＧＳ認定を取得している岩手県のオーガニック雫石の取り組みから、日本におけるＰＧＳの普及の可能性について考察する[4]。

2 日本で唯一IFOAMのPGS認定を取得したオーガニック雫石（岩手県）

（1）オーガニック雫石の発足とPGSの認定申請

２０１５年に、初代代表である福本氏を中心として環境保全型農業直接支払の取り組みが始まり、有機農業の勉強会等が開かれる中で、初期メンバーが集まった。同年2月には、９名の会員でオーガニック雫石が発足し、その活動の一環としてＩＦＯＡＭ ＰＧＳ認定の取得に向けた取り組みが始まった。

有機ＪＡＳの制度がある中で、オーガニック雫石があえてＩＦＯＡＭ ＰＧＳ認定に取り組んだ理由は、生産者メンバーが小規模な家族経営であり、認証料金の負担に経済的に対応できないことが第一の理由であった。もう1つの理由は、どうせやるならば国際的なレベルでの有機農業へ対応することが有意義であると考えたからである。この時点では、オーガニック雫石のメンバーは、詳細にＩＦＯＡＭ ＰＧＳの考え方を理解していたわけではなく、むしろこれについて学習しようという気持ちが強かったそうである。

そして、手続きのためにＩＦＯＡＭの会員となり、ＩＦＯＡＭ ＰＧＳの担当者から推薦された南アフリカ共和国のＰＧＳが作成した文書を和訳して、７本の文書（①オーガニック雫石ＰＧＳ運営方針、②オーガニック雫石ＰＧＳ有機栽培原則、③オーガニック雫石ＰＧＳ応募申請書様式、④オーガニック雫石ＰＧＳ生産者誓約書、⑤オーガニック雫石ＰＧＳ生産者農場調査書様式、⑥オーガニック雫石ＰＧＳ会員認証書、⑦ＩＦＯＡＭ ＰＧＳロゴの使用について）を作成した（内容は随時修正している）。

２０１６年7月21日の1回目のＰＧＳによる農場調査は、オーガニック雫石に応募様式を提出した5名の生産者に対し、5名の生産者と町会議員が調査員となって実施した。その結果4名の生産者が合格し、9月にはその結果を含む2016年の活動を記載した Self Evaluation Form（SEF：IFOAM指定の自己評価様式）をIFOAMに送付した。

（2）IFOAMからの3つの提案への対応

しかしながら、オーガニック雫石がIFOAMの認定をすぐに取得できたわけではなく、2016年12月にIFOAMからの3つの提案が届くことになる。

1番目は、オーガニック雫石のPGSの取り組みが未熟であるとの指摘であった。2015年に始まり、2016年に第1回目の農業者が認証を取得したばかりであり、手順は整っているものの実際の経験がまだ浅いとされた。少なくとも1年間、できれば2年間はきちんと運用してからでなければ、認定を認めることはできないというものであった。

2番目は、組織の規模を拡大していったときの管理の仕方が明確になっていないということであった。6名の生産者（うち4名が認証取得）しかいない小規模な組織であること自体はPGSにとって問題ないが、将来組織が拡大していったときに、大きな組織のまま続けるのか、いくつかの小さな組織に分割するのかを問われたのである。

3番目は、より広範なステークホルダー（Stakeholders：有機農業に興味のある人々や生産者を指す。例えば、消費者・栄養士・レストラン経営者・大学や学校の教師。以下STと略す）の関与を求めるというものであった。9名のメンバーのうち6名が農家であり、農家以外のSTの関与がほとんどないことを指摘された。PGSにとって、幅広いSTの関与は最も重要なファクターであり、消費者や「他のST」との関係強化を推奨された

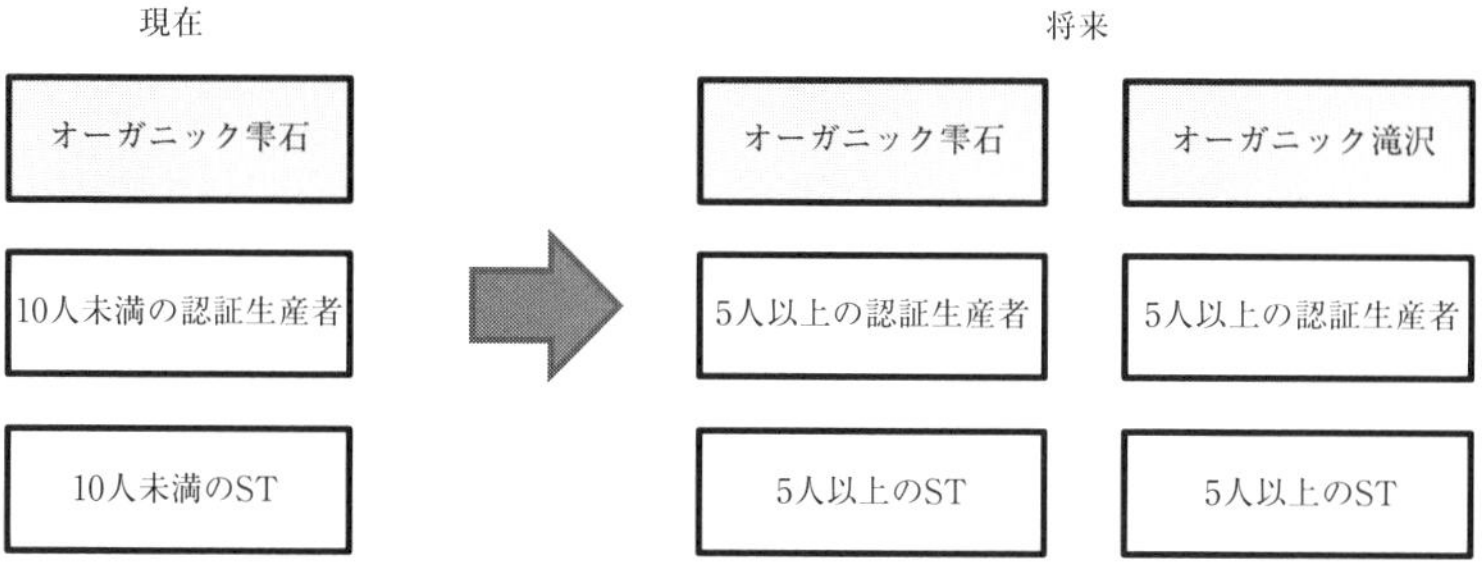

図１　想定する組織拡大時の構造
出所：オーガニック雫石内部資料。

のである。

オーガニック雫石のメンバーは、「ＩＦＯＡＭが幅広いＳＴの関与を重視している最大の理由は、ＰＧＳによる認証活動が多くのＳＴによる圃場の評価によってＪＡＳのような第三者認証よりもさらに高度な作物の安心・安全を保証するからである」と語っている。

１つ目の提案に対しては、翌年も地道に取り組みを積み重ねることになる。２つ目の提案に対しては、組織の規模が現在よりも拡大したとき、雫石町と滝沢市で別の２つの組織（オーガニック雫石およびオーガニック滝沢）に分ける計画を示した(5)（図１）。そして３つ目の提案に対しては、地域に在住している人たちは様々な形で地域の恩恵を受けているＳＴであると理解し、その拡充を図ることになる。２０１７年には、高橋氏が２代目の代表となり、会員数も22名（うち生産者10名、ただし1名の生産者は現在休業中）に増加した（図２）。

２０１７年７月21日には、４名の生産者に対し、６名の生産者と５名のＳＴ（主婦、栄養士、大学教員、町会議員、盛岡農業改良普及センター主任農業普及員）を調査員として第2回の農場調査を実施し、４名の生産者が合格し、９月には、２０１７年の活動を記載したＳＥＦ、さらにＯＷＣ２０１７（ＩＦＯＡＭオーガニック世界会議、会場はインド・ニューデリー）で採択された論文、オーガニック雫石の年報および３つの提案への回答も

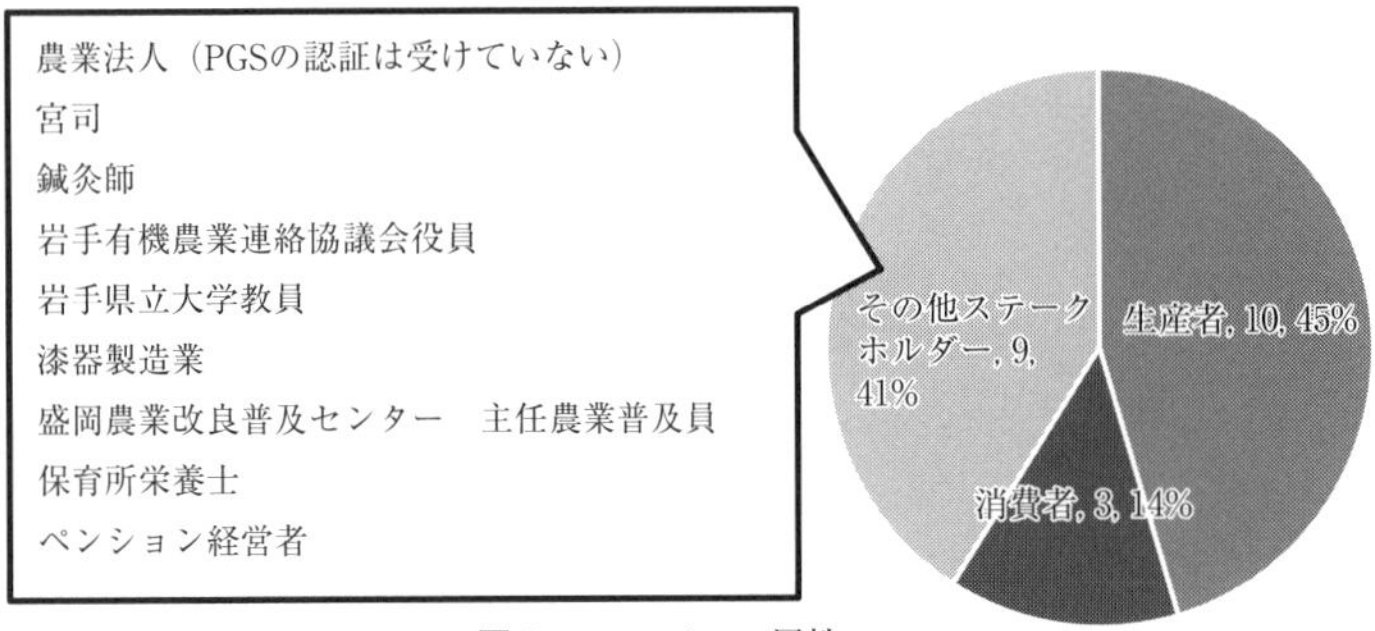

図２　メンバーの属性
出所：オーガニック雫石内部資料。

加えてＩＦＯＡＭに提出した。

２０１８年４月14日にＩＦＯＡＭのＰＧＳ担当者から日本の有機農業者２名からの推薦状を用意するように連絡があった。人選に手間取ったため、この手続きが完了したのは９月初めであった。その間の２０１８年７月21日に、５名の生産者に対し、５名の生産者と55名のＳＴ（主婦、栄養士、町会議員、盛岡農業改良普及センター主任農業普及員、ＰＧＳ候補農家）により第３回目の農場調査を実施し、５名の生産者が合格した。

その後２０１８年12月４日に、世界で８番目、日本で初めてのＩＦＯＡＭＰＧＳ認定を取得することとなった。

（３）ＰＧＳのメリット・デメリット

オーガニック雫石ＰＧＳグループでのＰＧＳ生産者の認証手続きでは、有機農産物のＪＡＳ規格を土台とした生産基準を使用し、毎年一度全ＰＧＳ生産者の農場調査を実施し、さらに、生産物の品質を保つために年間を通じて非定期の農場調査も行う。ＰＧＳ生産者の認証有効期間は１年間、農場調査を受けるだけでなく、生産者、さらに他のＳＴについても、知識向上のため地域単位で行われる講習会や研修会、イベント等へ参加することを推進している。

具体的には岩手県で毎年行われるオーガニックフェスタ、地域の有機農

表1　オーガニック雫石のPGS認証取得生産者の概要

1	福本氏（80代） 雫石創作農園	大手化学メーカー勤務後東京から移住、雫石町の農地50a うち10aで有機農業を実施。
2	高橋氏（60代） クリエイトファーム	小岩井農場に勤務しながら2007年から10a特区で就農。小岩井農場を2019年3月に退職、雫石町の農地90aに野菜を作付し、有機農業を実施。
3	小宮氏（70代） イーハトーブファーム	大手通信事業会社勤務後2008年に東京から移住、滝沢市の農地10aに野菜を作付し、有機農業を実施。海外の大学での指導経験あり。
4	加藤氏（50代） 南部片富士印農場	保険代理店経営、盛岡市在住。2011年から滝沢市の農地25a（約5か所）に秘伝豆（大豆）を作付し、有機農業を実施。
5	上野夫妻（70代） 上野農園	地元農家（妻は岩泉町出身）で、雫石町の水田30aで有機農業を実施（他の所有地はソバ組合に貸付）。
6	福士夫妻（60代） エンデバ農園	大手鉄道メーカー勤務後、妻の実家（農家）で就農。農地の一部で有機農業を実施。

出所：聞き取り調査より筆者作成。

場の視察、岩手有機農業連絡協議会などが主催する講習会や研修会、大学と連携した食味の科学的調査、グループ内のSTによる意見交換会などである。

2019年のPGS認証に合格した生産者は、6農場である。1～5までが初期からのメンバーで、6は2018年から参加（2019年にPGS認証取得）している（表1）。

オーガニック雫石では、IFOAM PGS認定を取得するためのアドバイスとして、①有機生産者が直径20㎞の円内に3名以上いること（これは、農場調査を能率的に進めるためである）、②その円内に消費者を含めて有機農業・有機産物に対して興味のある人々（ST）が確保できること、③インターネットやパソコンのアプリケーションおよび英語が使える人材がいること、④PGSグループが集まれる場所があること、としている。

オーガニック雫石の場合、①については、雫石町・滝沢市に農場が分布しており、③については、インターネットやパソコンのアプリケーションをメンバーのほとんどが使いこなせたこと、小宮氏が高い英語力を持っていたこと、④については、雫石の公民館を利用することでクリアしている。

とくに重要と考えられる②については、生産者の就農や活動をめぐる関係から多様なSTの協力を得ることができた。ペンションを経営している山崎氏（秋田市出身）は町議会議員も3期務めたが、福本氏が東京からこちらへ移住する前から宿泊を通じて交流を持っており、CSAなどへの造詣も深い。地元出身で、保育所で栄養士をしている堂前氏は、福本氏から購入した地元大豆で食育に取り組んでいた経緯があり、現在も保育所での黒千石大豆作り・みそ作り・みそ漬け作りを行っている。

オーガニック雫石は、PGSのメリットについて、①PGSのSTとコミュニティの人々の間での信頼の促進、②持続可能なPGSの運営を達成するための有機農業技術の改良、③有機農地の拡大への貢献、④コミュニティの活性化、であると考えている。

一方で、PGSにはデメリットもある。それは、JAS制度の規制から農産物に有機表示ができないことである。オーガニック雫石としては、IFOAM PGS認定についても有機表示ができるように農林水産省に働きかけているとのことである。

現在の販路は、①地元のスーパーマーケット、②盛岡駅ビル内の店舗、③地域交流センター内の産直、④友人・知人への郵送、⑤盛岡中央市場、⑥ネット販売、⑦レストランで、メンバーがそれぞれ決めている。特徴としては、零細な生産者であるため近隣地域への流通が主力であり、逆に長距離の輸送に適さない野菜（真黒ナス、ロシアントマトなど）作りなど特色を出す工夫もしている。もしPGSで有機表示ができるようになった場合には、大手スーパーや業務用卸に販路を広げたいというメンバーもいる。

価格設定もメンバーごとにばらつきがある。地域交流センターの産直市で販売しているメンバーは、同センターの他の農産物の価格と横並びにしているが、卸売市場など慣行栽培の価格の1.3～2倍で価格設定しているメンバーもいる。高めの価格設定をしているメンバーからは、後から続く者に対してのプライスリーダーとしての立場もあるので、あまり価格を下げることはできないという意見もある。

都会からの移住者の誘導など地域を活性化させる活動やＩＦＯＡＭへの論文投稿など国際的な活動まで、取り組みを広げているオーガニック雫石であるが、とくに有機農業の拡大という点では、現在耕作放棄されている農地の管理を２０２０年度から任されて、有機栽培を実施する予定であることが注目される。オーガニック雫石のＰＧＳの活動が有機農業を中心とした地域の活性化及びヨーロッパ諸国ではすでに大きなうねりとなっている田園回帰への起爆剤となることが期待される。

3　日本におけるＰＧＳ普及の可能性

ハードルが低いと考えられたＰＧＳであるが、必ずしもその取り組みは容易ともいえない。

第１に、ＩＦＯＡＭのＰＧＳ認定は、第三者認証が法制化されている国では国定基準に準拠することが推奨されており、オーガニック雫石でも有機ＪＡＳ規格をベースにして、生産基準を定めている。第２に、ある程度の取り組み経験が問われているように、仕組みをつくってすぐ認定を取得できるわけではない。また、生産者の認証に対する調査も毎年定期的に行われるだけではなく、不定期にも実施される。第３に、仕組みをつくる上で、生産者、消費者に限らず、幅広い地域のＳＴの確保が求められており、そのＳＴにも認証を遂行する高い能力が求められている。第４に、この仕組みは、認証のみに止まらず、有機農業を拡大・推進させていく側面があり、その意味でも参加する生産者メンバーおよびＳＴには、農業経営の能力および指導能力が求められることになる。第５に、ＩＦＯＡＭの認定を取得するのであれば、英語でのコミュニケーション能力も必要となる。

ＩＦＯＡＭの認定を取得しないのであれば、英語能力は必要ないとしても、ＰＧＳの構築・運営には、高い能力を有した中心メンバーおよびＳＴの存在が不可欠なのではないかと考えられる。これは、第三者認証とはまた異なるハードルが存在していると言えるかもしれない。逆に、オーガニック雫石には、高い能力を持つ人材が集結したということである。

仮に日本国内でＰＧＳを拡げることを考えたとき、生産者グループからの体制構築にだけ任せるのでは、簡単にはいかないことが想定される。ある程度外部からの支援が必要であり、第一に行政がサポートする形でのＰＧＳ構築が一つの手段となる。

ＰＧＳとは異なるが、認証と推進が一体化した取り組みとしては、特別栽培農産物の認証制度が日本では広く実施されている。各県で認証制度の仕組みは異なっているが、行政指導である特別栽培農産物のガイドラインがある程度参考にされており、このガイドラインの中で「ほ場における栽培管理を行う者又はその管理の指導を行う者」である栽培責任者と、「栽培の管理方法を調査し、管理等に係る記録内容を確認する者であって、栽培責任者による管理等について必要に応じ指導を行う者」である確認責任者がおかれることになっている(6)。栽培責任者は経営の外部の者でもよく、確認責任者も栽培責任者に指導が行えるため、この仕組みは認証するだけでなく、特別栽培農産物推進の一翼を担うことにもなっているのである。

この特別栽培農産物の認証制度の中では、栽培責任者や確認責任者として、農協や農業改良普及センター等が協力することで、慣行栽培から特別栽培への移行が促進されている側面があるが、それは特別栽培農産物の下限に近い領域にあたるようである。図中に細かい点線で示したように、慣行栽培と特別栽培の下限との間で、一部移行が行われているのである。しかし、有機ＪＡＳへの移行があるような非認証有機栽培を含む有機栽培

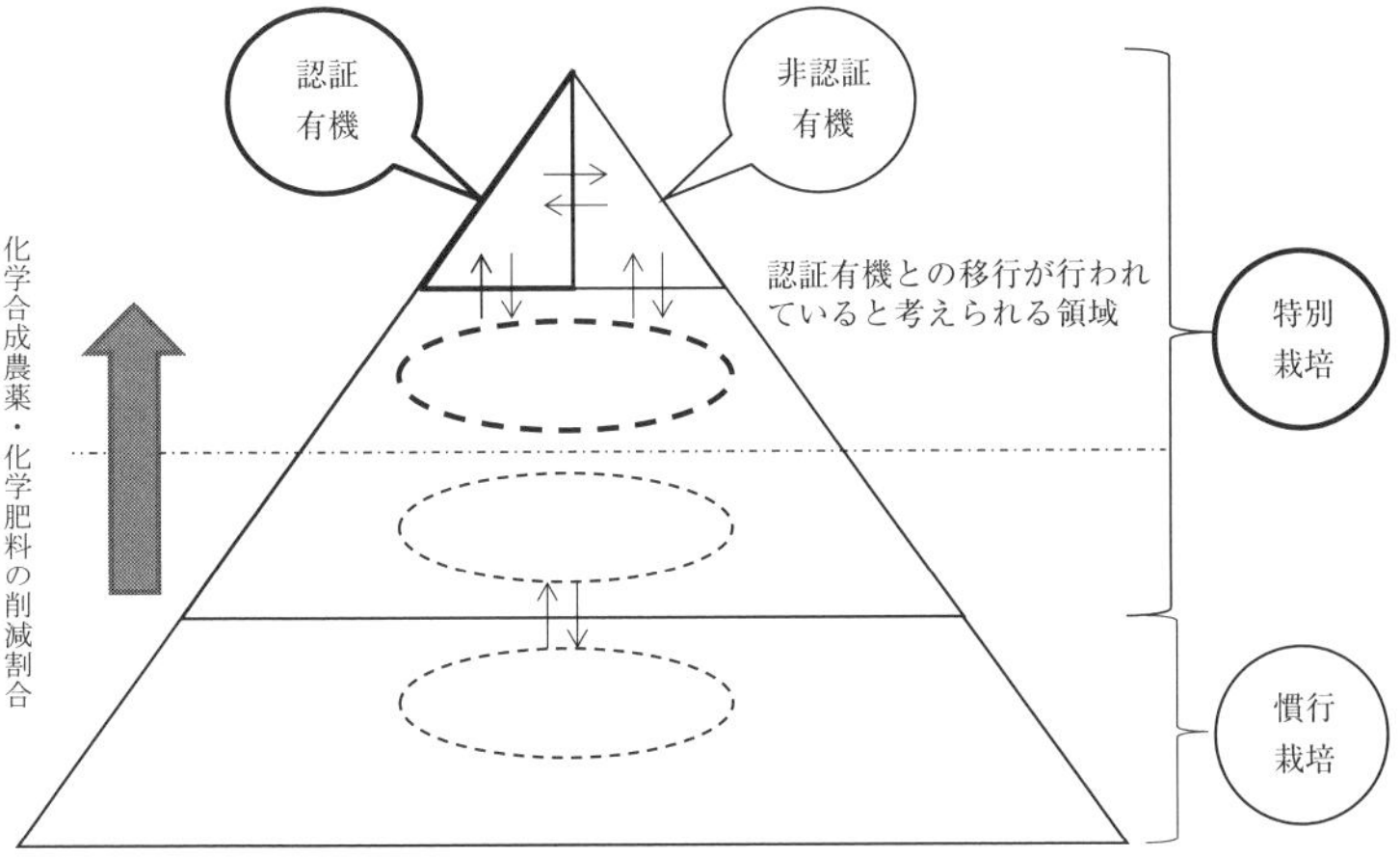

図３　想定される有機栽培等の動態
出所：筆者作成。

に近い領域に関わる者については、同じ仕組みの中でも異なる者として認識されており、推進体制とは独立して個別に取り組むケースが多い。すなわち慣行栽培→特別栽培→非認証有機栽培→有機ＪＡＳという形で、段階的に慣行栽培から有機ＪＡＳに移行しているわけではないのである（図３）。

一方で、有機ＪＡＳの認証を取得したり、逆に取得をやめたりする動きが起きており、太い点線で示したように、非認証有機栽培あるいはそれに近い領域と認証有機栽培の間では移行が行われている。この断絶を補強するために、ＰＧＳを応用することは有効だろう。特別栽培農産物の認証制度をうまく活用することで、一から仕組みをつくるのを避けるとともに、農業全体をターゲットにした化学合成農薬や化学肥料削減の仕組みにすることができる。ただし、より広いＳＴを入れるための制度改正の工夫が必要である。

ＰＧＳの最大のメリットである推進体制を活かし、また外部のＳＴをある程度整えておくことで、認証の仕組みとしてだけでなく、有機農業の推進の仕組みとなることが期待される。このようにＩＦＯＡＭの認定をいったん保留し、国内の事情をかんがみた体制整備を進めていけば、推進というメリットを最大限に生かすことができるかもしれない。

また、化学合成農薬、化学肥料あるいは遺伝子組換えについては、ある程度有機ＪＡＳをクリアすることが有効な目安となっているが、有機農業自体は商品経済の中で実現しづらい多様な価値を実現しようとして取り組まれてきたものである。地域での資源循環や生物多様性など有機ＪＡＳをクリアしてはいないが、その部分については、有機ＪＡＳよりも先進的な取り組みもある。第二に、そのような要件を各ＰＧＳが基準に取り込んでいくことで、地域ごとの実情に合わせた取り組みを進めていくことが可能となる。

オーガニック雫石のようなＩＦＯＡＭ ＰＧＳ認定の取り組みを地道に続けながら、行政にも働きかけを行っていくことは重要である。取り組みを継続させるなかで、問題が起きないことが検証されていくとしたならば、ＰＧＳが第三者への販売でも信頼性を確保できるものとして、長期的には現在の第三者認証のオルタナティブとなり得るかもしれない。しかしながら、法制度として整備され、国際的な同等性の承認も広がっている現状を考えると、すぐに有機表示ができるような状況まで移行するとは考えにくい。

有機表示ができないということは、認証制度の第一のメリットが存在しないということでもあり、これに代わるメリット措置がないと、いくら推進体制を整えたとしても飛躍的な増加はあり得ないだろう。第三に、ＰＧＳには政策的支援というメリット措置が必要であり、直接所得補償等の対象を明確にするための手法としてＰＧＳを活用するのも選択肢の一つといえる。

注

（1）国際有機農業運動連盟。ドイツのボンに本部を置く有機農業運動の国際的なＮＧＯ。
（2）IFOAM - Organics International ウェブサイトにおける「Participatory Guarantee Systems（ＰＧＳ）」のページ。

（3）谷口葉子「参加型保証システム（PGS）の仕組みと現状」『自然と農業』第20巻第1号、2015年、4～7頁。
（4）本調査は、「農林水産政策科学研究委託事業」を兼ねて実施している。
（5）2019年現在でSTが10人を越えているが、農場での調査（Peer Review）の結果として生産者以外のSTの超過は全く支障がなかったとのことである。むしろ問題は圃場調査の対象となる生産者数が現在6名でこれを超えると一日での圃場調査が困難になることにあり、これからは圃場調査を2日に分割するなどの対応を考えている。
（6）農林水産省総合食料局長、生産局長、消費・安全局長通知「特別栽培農産物に係る表示ガイドライン」。

第9章

6次産業化において地域資源をどうとらえるか
――地域資源と相互扶助の経済

室屋　有宏

本章のキーワード ▼▼▼ 中小企業政策／地域資源／農商工連携／階層性／相互扶助

1　問題の所在

２００９年総選挙において、民主党マニフェストに６次産業化（以下「６次化」という）が農業政策として登場してから既に10年以上経過したことになる。２０１０年12月末には６次産業化・地産地消法が交付され、以後これにもとづく総合化事業計画の認定数は２５１０件（２０１９年12月時点）に達し、６次化の取り組みは農業者だけでなく、地域活性化を期待する地域や自治体等においても広く浸透したといえる。

他方で、実際の６次化の取り組みは個別・単独の対応が中心であり、農村経済の活性化という観点からは課題が多い。また６次化について政府が設定した２０２０年目標に対しても大幅な未達状態にとどまっている。(1)

こうした6次化の地域的広がりの不足の要因はさまざまであろうが、本章では6次化の基盤ともいうべき地域資源に対する認識やとらえ方、また地域の関与という点に着目し、6次化と地域活性化の関係について考察を試みたい。

2 地域資源とは何か

(1) 中小企業政策としての地域資源の活用

近年、地域資源という言葉は地域活性化の切り札のように扱われるようになっているが、地域資源とは何かについては明確な定義が与えられているわけでない。多くの場合、「地域活性化に有用なモノ」程度の意味で用いられているのが実情であろう。

国レベルで地域資源の活用を初めて取り入れた政策は、2007年に施行された経済産業省中小企業庁の「中小企業地域資源活用促進法（地域資源法）」と同法に基づく「地域資源活用事業計画」であった。地域資源という用語や用法が定着する背景には、こうした国の施策の影響が大きかったといえよう。

同法では、地域資源を「「その地域ならではのリソース（産業資源）」である特産品や観光名所を指す」（中小企業庁ウェブサイト）と定義し、具体的には①「地域特産物と相当程度認識されている農林水産物、鉱工業品」、②「地域の特産物である鉱工業品の生産に係る技術」、③「文化財、自然景観、温泉その他の地域の観光資源として相当程度認識されているもの」の3つから構成されている。いわば地域の有名なモノを網羅する形で、地域資源は都道府県が策定する「基本構想」において認定され、現在その数は全国で約1万4000にのぼる。

中小企業者等（組合を含む）がこうした地域資源を活用し新たな商品・サービスを開発するために「事業計画」を策定し、国の認定を受けると補助金や融資、事業相談等の支援を受けることができる。またこうした取り組みを通じた地域ブランド化や地域活性化が期待された。

地域資源を利活用する政策スキームは、このように中小企業政策として始まった。２００８年には農商工連携が「地域経済活性化の取組」を全面に打ち出し、経済産業省と農林水産省との共同施策として開始された。農商工連携では農業者と中小企業者がそれぞれの経営資源やノウハウ等を持ち寄り明確な役割分担に基づく連携関係を構築し、新商品・サービスの開発を目的にしていた。一方で、農商工連携の枠組みは基本的に地域資源活用事業等の中小企業政策を踏襲したものであり、「中小企業政策の舞台に農業者を乗せる」、「農業者に中小企業政策を使ってもらう」といった性格が強かった。

実態として、農商工連携は農業側からすると認定要件が新規性の高い商品開発を目指したこともあり、原料にあたる農産物の利用量は多くなかった。また連携パターンでは「農・工」の組み合わせが多く、「商」の関与が弱く販路に課題があった。農商工連携は総じてみれば、食品製造業を中心とする「工」が、「農」を「原料供給者」とする中小企業政策の色彩が強く、その成果も「単発的な製品開発」にとどまり地域活性化の効果は薄かったといえる。

先行する地域資源活用事業についても、①認定事業のほとんど（95％超）が個社の取り組みであり、地域ブランドの創出に至っていない、②売上も少額（約６割が１０００万円未満）のものが多く、販路開拓や情報発信に課題がある、③地域経済への波及は限定的である、と中小企業庁自身が指摘している。[2]

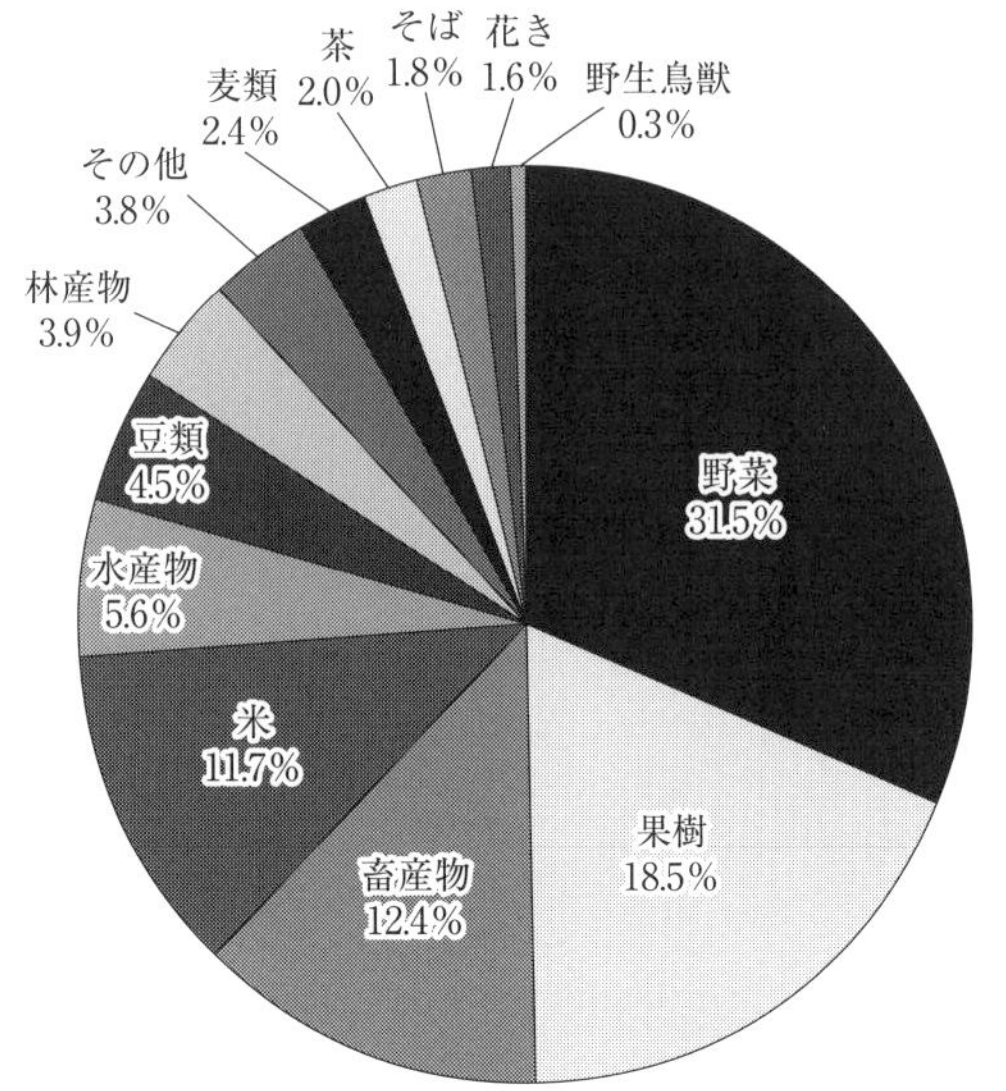

図1　総合化事業計画の対象農林水産物の割合(%)(2019年末時点)
資料：農林水産省ウェブサイト。
注：複数の農林水産物を対象とする事業計画は全て参入。

(2) 6次産業化における地域資源

6次産業化を規定する法律の正式名称は、「地域資源を活用した農林漁業者等による新事業の創出等及び地域の農林水産物の利用促進に関する法律」である。法文中には「地域資源の活用」という文言は多くあるものの、地域資源についての定義はなく、類する表現として「農林水産物等及び農山漁村に存在する土地、水その他の資源」がみられる程度である。また総合化事業計画は「農林漁業者等が、農林水産物及び副産物(バイオマス等)の生産及びその加工又は販売を一体的に行う事業活動」と規定されており、その認定要件では「自らの生産に係る農林水産物等」を対象とするとなっている。

中小企業庁の政策では、地域資源を歴史的に形成された地域性の強い産業資源と定義していた。ところが6次産業化政策では地域資源の明確な定義はされず、実態として地域資源概念は空洞化している。この点は農業者による「6次化対応」推進に効果があった反面で、事業内容の個別・単発性の傾斜につながったと考えられる。

認定された総合化事業計画の品目別割合をみると、ほとんどが農作物の単独利用であり、作物では野菜と果樹で半分を占めている（図1）。また事業計画はもっぱら農業者の利用であり、水産、林産分野の利用は少ない[3]。さらに政策では共同申請や商工業者等の促進事業者との連携も可能であるが、そうした利用もごくわずかである。

また事業内容では「加工・直売」が68・7％と圧倒的な割合を占め、これに「加工」「加工・直売・レストラン」、「加工・直売・輸出」を加えると、ほとんどの計画で加工事業が組み込まれている。一方で、農家レストラン、観光関連等のサービス分野はごく少なく事業の多様性は小さい。

（3）七戸・永田の地域資源論

6次化と地域活性化の関係を考える際には、七戸・永田（1988）が試みた地域資源の厳密な定義が有益な視点を提供してくれる。七戸・永田は資源を「自然によって与えられる有用物で、なんらかの人間労働が加えられることによって、生産力の一要素となり得るもの」と定義する一方で、こうした資源一般と区別して「その地域にだけ存在する資源」を地域資源とする。そのうえで地域資源がもつ特性として次の3点を挙げる。

第1は非移転性であり、非移転性があるから希少性があり「その地域にだけ存在する」地域資源となる。例えば石油は資源ではあるが、移転が容易であるため地域資源ではない。第2の特性は、地域資源相互の有機的関連性である。耕地、水、森林等の地域資源は生態系として有機的に結びついた一体のものであり、この連鎖性が失われる地域資源としての有用性がなくなる。第3の点は、この2つの特性に規定され非市場的性格をもつことである。非移転性や有機連関性といった性質から、特定の地域資源だけを取り出して市場取引に委ねるようなことはなじまない。

また本来的地域資源から派生した準地域資源では、地域資源の3つの特性のいくつかを有する（表1）。例

表1　地域資源の分類

1次区分	2次区分	内容
本来的地域資源	㋑潜在的地域資源（天然資源）	地理的条件：地質、地勢、位置、陸水、海水 気候的条件：降水、光、温度、風、潮流
	㋺顕在的地域資源	農用地、森林、用水、河川
	㋩環境的自然資源	自然景観、保全された生態系
準地域資源	㋥付随的地域資源	間伐材、家畜糞尿、農業副産物等、山林原野の草
	㋭特産的地域資源	山菜等の地域特産物
	㋬歴史的地域資源	地域の伝統的な技術、情報等

資料：七戸・永田編（1998）88頁。

図2　地域資源の構造
資料：筆者作成。

えば、㋭の山菜等の地域特産物は㋑の潜在的地域資源を活用したものであり、商品性をもつにしても「どこでも、だれでもつくれない」差別化商品であるという意味で地域資源であるとする。また㋬の地域の伝統的技術等については、人間を資源のひとつと考えていいかという問題があるが、歴史的にストックされた地域固有の技術や情報等は、地域資源の利用に不可欠であるということから、これも地域資源のひとつに含めるとする。

（4）地域資源の階層性

七戸・永田の地域資源論は図2のような3層構造の図として描くことができるだろう。地域資源の根幹には自然の生態系があり、その恵みを利活用するために多くの場合、地域の集団的で非市場的な対応と管理を通じ地域資源化してきた歴史や関係性がある。

したがって地域資源は、本来的には相互扶助をベースにした地域の総有的資源というべき性格をもっている。したがって、そうした地域と一体化した資源を利活用しお金に換える場合でも、地域との間で何らかの相互関係がはたらくと考えるべきであろう。

七戸・永田の地域資源論は、自然に対する人と人の関係性を軸にしていることが特徴である。こうした地域資源の理解からは、6次化は単純な市場への適応ではなく、むしろ協同性を根源的な強みとし、相互扶助の経済を進めていく地域の意思や行為とみることができる。これに対し現在の6次化の政策フレームでは、地域資源そのものに対する問いかけが希薄であり、市場経済への対応を一面的に追求するベクトルが実態として強く出ている。6次化の基盤を地域資源の利活用とするならば、地域が自らの資源の意義や価値について絶えず問い直していくことが、商品・サービスの個性やブランドの源泉となり6次化を地域に広がりをもち、持続性の高い取り組みにすることにつながろう。

以下では、地域をベースに自らの地域資源を再認識し、創りあげていく3つの事例についてみていきたい。

3　相互扶助を通じた地域資源化

(1)　地域資源を生かす外部の目

『里山資本主義』でも紹介されている、山口県周防大島町の「瀬戸内ジャムズガーデン」の代表である松嶋匡史氏は電力会社に勤務する会社員だったが、奥さんとの新婚旅行で出会ったパリのジャムの美味しさに感激し、奥さんの故郷である周防大島で起業した。

ジャムやジュースは6次化の代表的な加工品で、主に規格外の果実を利用してどの地域でも多く作られており、高い商品性がなければビジネスとして成立し難い。松嶋氏はジャムにするとおいしい果実を徹底的に研究し、島の果実を使った手作りジャムを年間で150種類以上、10万個ほど販売、高齢化が進む島に新規雇用を生み出している。ジャムの価格も1瓶で700円前後とかなり高価だが、県外の来店者も多い。

松嶋氏は島内で栽培されている多種多様な果実について、季節感を重視し少量でも個性ある加工にこだわっており、例えばある柑橘はマーマレード用に収穫時期を3か月も遅らせて樹上完熟させている。ジャムの原料となる果実も規格外品ではなく、ジャム加工用に栽培されたものを使用している。またジャムをパンに塗ってから焼く「焼きジャム」などの新規性の高いヒット商品も生み出している。こうした果実加工のアイデアや技術などは地元の柑橘農家等との対話から生まれてくることも多い。

松嶋氏は手づくりでしか表現できないレベルの高いジャムを目標に、契約農家から高く原材料を購入し、また極力機械化はしないなど意識的に地域資源循環をつくることで、生産者・加工業者・顧客、地域それぞれが満足度を高め合う連携ビジネスを構築している。外部の視点で地域資源や知識をすくい上げることで、地域資源の掘り起こしと磨きがかかり、高付加価値の商品が生まれている。

(2) 地域資源への気づき

有限会社せいわの里まめや（以下「まめや」という）は三重県多気町勢和地域（旧勢和村）の丹生という山間集落にある。勢和地域の「農村文化を次代に継承する」ことを理念として、2003年に農村加工グループ、ボランティア活動、農業者を含む35名が理念に共鳴し1050万円を出資して設立された。現在は農家レストランをはじめ豆腐・味噌等の加工、直売所、農村体験講座等の活動を行っている。なかでも地元産大豆を多く使った農村料理を提供するレストランは大変人気がある（写真）。

まめやの代表の北川静子氏は、地域のイベントやボランティア活動を通じて、地域のさまざまな価値に気づ

写真　まめやの農家レストラン

きを得た。北川氏は地域の宝はどこにでもあるが、昔の生活の知恵や技のなかに多くつまっていると感じている。そういう点で、地元のおじいさん、おばあさんは「金の卵」であり、商品開発の気づきをたくさんもらっている。「昔のものを蘇らせると地域が元気になる」との発想から、農家レストランでも伝統的な料理を提供し好評を得ている。

地域の人は「知っていることを知らない」だけで、「出番を待っているもの」は多い。地域資源に「気づいて、掘り起こし、つなげていく」ことで、地域が活性化し地域の人びとの営みが肯定されると北川氏は考える。

気づきはお客さんからもらうことも多く、お客さんに「美味しかった、よかった」との声に自分たちの価値が肯定される。またお客さんに食べ物だけでなくこの地域らしさを感じてもらい、周囲の人に伝えてもらうことで、気づきは連鎖する。こうした関係の広がりによって、地域を守っていこうという意識が確実に地域に広がってきており、これがひいては事業の基盤となっている。

まめやは環境保全型農業や地域資源の域内循環にも力を入れている。オカラは堆肥にして農家に提供し、低農薬・無農薬で野菜を栽培してもらい「まめが育てた野菜」として直売所に出品してもらっている。また優先的に地元農産物の購入や人件費という形で、売上の約6割を地域に直接還元している。

(3) 地域資源の業態間利用

福岡県の糸島市は福岡市に隣接しており、アクセスの便の良さもあって人口も増加している。地元の漁協JF糸島では牡蠣の養殖が盛んで、そのほとんどが観光客向けの「牡蠣小屋」で消費されている。一方で来客数の増加につれ、牡蠣殻や養殖中に斃死した牡蠣殻等の廃棄物処理とその費用が地元自治体や生産者の頭を悩ませていた。

そうしたなかJA糸島で資材開発に興味をもつ職員が中心となって、九州大学などでミネラルについて学び、地元漁協の牡蠣殻等を安価で良質な土壌改良材「シーライム」にリサイクルし販売する仕組みを構築した。また地元ではこの牡蠣殻石灰や良質な馬ふんを原料にした完熟堆肥を利用した人参が「甘実ちゃん」の名称で栽培され、学校給食に提供されており余剰があれば近くの直売所（「伊都彩々」）でも販売されている。

さらにJA糸島は地元自治体とも協力して、ダンボール紙の小型コンポスト「すてなんな君」を販売し家庭ゴミの削減に取り組んでいる。このコンポストにはやはり地元のビールかす、竹パウダー、天草などが基材として使用されている。この他にも同JAは、牡蠣殻や海藻等を利用した培養土「よかよー土君」等これまで20種類を超える資材を開発している。

4　6次化を通じた相互扶助の再構築

政策としての6次化は「地域資源を活用した新事業の創出」を標榜しているが、地域資源に対する認識や関心は実態として空洞化しており、加工や直売等の事業多角化の推進に傾斜している。多くの事業は「地域資源を活用した6次化」というよりは、「農産物を活用した加工や直売」にとどまっている。

6次化を地域全体の活性化に役立てていくには、地域資源の創出を地域主体で行っていくプロセスや関係性の視点が不可欠であろう。地域資源として既に確立されたものであっても、地域がそれらを自らの資源として再認識し、現在にとらえ直していくことも必要である。くわえて事例にもみられるように、地域資源を単体ではなく循環的に活用することで、6次化の奥行きは大きく広がる可能性がある(4)。

本章では6次化をたんにカネとモノの領域でみるのではなく、地域の相互扶助を通じた地域資源化という社会的側面の重要性を強調しておきたい。自然の恵みを地域資源化し、適切に利活用していく地域の仕組みづくりには、当然ながら長期の時間を要する。6次化の優良事例では、20、30年といった息の長い取り組みが多いのは、こうした性質によるところが大きい。より根源的には、地域資源を活用した6次化は、時間をかけた人づくり、地域づくりとも連動している。

需要サイドからみても、日本のような成熟し人口減少が進む社会では、農産物に限らずモノの供給増に比例して欲望が開発されることは難しい。既に消費は「モノからコトへ」シフトしており、文脈に依存する傾向が高まっている。こうしたなかで6次化の取り組みでは、地域資源が持つ「どこでも、だれでもつくれない」本物としての魅力が商品性やブランド力の源泉となり、経済的利益につながる関係となろう。

一方で、地域そのものが脆弱化している今日の農村では、こうした取り組みをかつてのように農村内部で完結させるのではなく、地域が主体性や一貫性をもちつつ、外部の人材や支援等を活用していく体制づくりが重要になってくる。政策上も長期的な観点から、6次化を推進できる地域の人材育成、また外部からの人的支援の強化が必要であろう。

日系アメリカ人でシカゴ大学教授を長く務めたテツオ・ナジタは、特に18世紀半ば以降の日本で講や報徳など相互に助け合いながら、貧困や不確実性に対処する「相互扶助の経済」が急速に広がり、これが形を変えつつ明治期以降の日本の近代化の土台になったことを明らかにしている。人口減少が進む今日の日本において、地域資源を活用した6次化の取り組みは、地域の相互扶助の再構築を通じ、より自律的で倫理的な経済を地域につくる試みへと発展させていく歴史的意義があると考えられる。

注

（1）２０２０年の6次化の市場規模目標の10兆円（農林水業者による直売、加工等）に対して、２０１７年度の市場規模は約2・1兆円（農業生産関連事業）である。一方、「日本再興戦略　改訂２０１６」では、6次化の領域を①加工・直売、②輸出、③都市と農山漁村との交流、④医福食連携、⑤地産地消（施設給食等）、⑥ＩＣＴ活用・流通、⑦バイオマス・再生可能エネルギーへと大幅に拡大されており、この定義での市場規模は２０１５年度で5・5兆円だとしている。

（2）中小企業庁「中小企業地域資源活用促進法の一部改正について」（平成27年7月）（www.chusho.meti.go.jp/shogyo/chiiki/2015/150708hurusato1.pdf　２０１９年12月2日参照）。

（3）この点では6次化は農商工連携より後退している。農商工連携（19年3月末）の主な品目構成は、野菜（30・2％）、水産物（13・3％）、畜産物（12・0％）、果樹（11・0％）その他農産物（10・6％）、米穀（7・6％）、林産物（5・2％）、豆類（4・9％）である。

（4）業態間での地域資源の循環的利用例として、両角（2013）は以下のような利用を挙げている。「現在その大半が利用されていない間伐材や林地残材は、木炭にすれば農業や漁業で利用できる。（中略）木炭は農地の改良、河川の浄化、木炭発電、磯焼け対策のための海中林の造成等に活用できる。海の資源、例えば海藻や貝殻等はたい肥の製造に利用できる。家畜の糞尿も炭化等の処理をすれば海中林の造成に肥料として活用できる」。

参考文献

七戸長生・永田恵十郎編（永田恵十郎執筆）（1988）『地域資源の国民的利用』農山漁村文化協会。

広井良典（2019）『人口減少社会のデザイン』東洋経済新報社。

室屋有宏（2014）『地域からの六次産業化――つながりが創る食と農の地域保障』創森社。

室屋有宏（2016）「6次産業化における知識・技術の役割――共助を通じたイノベーション能力の向上」『農業と経済』2016年4月号、昭和堂。

藻谷浩介・NHK広島取材班（2013）『里山資本主義――日本経済は「安心の原理」で動く』角川新書。

両角和夫（2013）「6次産業化における地域活性化の取り組み」『野菜情報』2013年2月号、農畜産業振興機構。

テツオ・ナジタ（2015）『相互扶助の経済』みすず書房。

第10章

6次産業化の現段階と支援体制
——さらなる推進に必要な支援とは

堀田　学

本章のキーワード ▼▼▼ 食料産業・6次産業化交付金／農林漁業成長産業化支援機構（A-FIVE）／認定事業者

1　6次産業化のこれまでのあゆみ

6次産業化は、地域活性化や農業の新しいあり方を牽引する活動として、広く認知されてきている。これが概念化されてから現在ではすでに30年近い歴史があるが、制度化されたのは「地域資源を活用した農林漁業者等による新事業の創出等及び地域の農林水産物の利用促進に関する法律」（以下、「6次産業化・地産地消法」と略）（2010年公布、翌年施行）以降であり、政策的に推進された歴史は長くはない。

実際に事業者が新規に6次産業化に取り組もうとすると様々な困難に直面する。6次産業化にいったん取り組むと加工や販売に関する部分的付加や変更のみでは済まず、総合的なマーケティング能力が求められる。そのため独力でその取り組みを成功させるのは極めて難しく、他の組織・事業者との連携や経営指導やコンサルティング等の支援が必要となる。そのための公的な支援機関として全国および各都道府県に6次産業化サポートセンターとして設置されている。本章では、この6次産業化の支援機関の体制の相違に着目し、望ましい支援のあり方を検討することを目的としている。

具体的な課題として次の3つを設定した。第一に、6次産業化の歴史的展開と現状を整理すること。ここでは既存のデータを用いて、集計的に実態を把握する。第二に、「6次産業化・地産地消法」が定める総合化事業計画の認定事業者育成に向けた都道府県6次産業化サポートセンターの事業形態による支援のあり方の相違を検討する。ここでは効率的な事業形態であると考えられる6次産業化サポートセンターの典型事例に対するヒアリング調査を通して、実態把握する。第三に、今後の6次産業化推進および事業者支援の方向性を検討する。

2　6次産業化の歴史的展開と現状

6次産業化とは、1次産業が2次、3次産業に活動を拡大し、新たな付加価値の獲得を目的とした活動への取り組みのことである。コーリン・クラークが提唱した産業構造の高度化を説くペティの法則に今村奈良臣氏が着想を得て、1990年代に提唱したことに端を発している。[1]同氏は6次産業化を、「農業が1次産業のみにとどまるのではなく、2次産業（農産物の加工・食品製造）や3次産業（卸・小売、情報サービス、観光など）にまで踏み込むことで農村に新たな価値を呼び込み、お年寄りや女性にも新たな就業機会を自ら創り出す事業と活動」と定義づけている。[2]具体的な事例として、木の花ガルテン（大分大山町農協の農産物直売所）の取り組みを参考としたものであり、その特徴は起点となる1次産業の事業・活動を拡大させることによって、所得の向上、就業機会の拡大等、農村の生活の質的向上に結びつけることを念頭に置くことと、草の根的活動によって地域活性化を目指すことであると捉えられる。

政策的に位置づけられた6次産業化においては、「6次産業化・地産地消法」に示されている。同法前文では、「地域資源を活用した農林漁業者等による新事業の創出等に関する施策及び地域の農林水産物の利用の促進に関する施策を総合的に推進することにより、農林漁業等の振興等を図るとともに、食料自給率の向上等に寄与することを目的とする」としており、国策としての基本方針が示されている。さらに6次産業化関連の方針として、総合化事業化計画と研究開発・成果利用事業計画が位置づけられ、地産地消関連として、生産者と消費者の結びつきの強化、食育、地域資源としての農林水産物の利用の促進等が位置づけられている。すなわち6次産業化の目的が拡大・深化するとともに、地産地消推進と合わさって総合的な意味を持つようになった。

6次産業化の政策目標は「日本再興戦略——JAPAN is BACK」（2013年閣議決定）、「農林水産業・地域の活力創造プラン」（2013年農林水産業・地域の活力創造本部決定）等で数値的に示されている。いずれにおいても、2020年には6次産業化の市場規模を10兆円とすることが設定され、例年約400億円の予算があてられた大プロジェクトとなっている。(3)

市場規模は公表データによって異なっている。「日本再興戦略2016——第4次産業革命に向けて」（2018年政策会議日本経済再生本部）によると、5・1兆円（2014年）と試算している。これは食料・農業・農村政策審議会において6次産業化に関連して今後成長が見込める7分野（加工・直売、輸出、都市と農山漁村の交流等）の市場規模の合計としている。

また「農業・農村の6次産業化総合調査——6次産業化業態別調査」（農林水産省）の6次産業化の動向では、農業関連事業を2・1兆円弱（2017年度）と示されている。これは、2010年世界農林業センサス（農林

表１　農業生産関連事業の業態別年間総販売金額の推移（全国）

年度	農産物の加工	2010年=100	農産物直売所	2010年=100	観光農園	2010年=100	その他農業生産関連事業	2010年=100	合計	2010年=100
2010	778, 332	100. 0	817, 586	100. 0	35, 246	100. 0	24, 072	100. 0	1, 655, 236	100. 0
2011	780, 118	100. 2	792, 734	97. 0	37, 622	106. 7	26, 345	109. 4	1, 636, 819	98. 9
2012	823, 730	105. 8	844, 818	103. 3	37, 932	107. 6	38, 645	160. 5	1, 745, 125	105. 4
2013	840, 670	108. 0	902, 555	110. 4	37, 766	107. 1	36, 477	151. 5	1, 817, 468	109. 8
2014	857, 678	110. 2	935, 630	114. 4	36, 430	103. 4	37, 495	155. 8	1, 867, 233	112. 8
2015	892, 291	114. 6	997, 394	122. 0	37, 798	107. 2	40, 564	168. 5	1, 968, 047	118. 9
2016	914, 086	117. 4	1, 032, 367	126. 3	39, 209	111. 2	36, 180	150. 3	2, 021, 842	122. 1
2017	941, 262	120. 9	1, 079, 020	132. 0	40, 159	113. 9	38, 260	158. 9	2, 098, 701	126. 8

資料：「6 次産業化総合調査」（農林水産省）より作成。　単位＝ 100 万円、％

表２　漁業生産関連事業の業態別年間総販売金額（全国）

年度	水産物の加工	2011年=100	水産物直売所	2011年=100	その他漁業生産関連事業	合計	2011年=100
2011	133, 912	100. 0	27, 609	100. 0	—	161, 521	100. 0
2012	154, 250	115. 2	31, 112	112. 7	—	185, 362	114. 8
2013	171, 916	128. 4	31, 275	113. 3	—	203, 191	125. 8
2014	172, 388	128. 7	33, 204	120. 3	—	205, 592	127. 3
2015	184, 710	137. 9	36, 486	132. 2	12, 444	221, 196	136. 9
2016	178, 271	133. 1	37, 315	135. 2	14, 426	215, 586	133. 5
2017	174, 481	130. 3	37, 465	135. 7	15, 169	211, 946	131. 2

資料：「６次産業化総合調査」（農林水産省）より作成。　単位＝ 100 万円、％

業経営体調査）において把握した農業経営体のうち、「農産物の加工」、「観光農園」、「農家民宿」、「農家レストラン」、「海外への輸出」を営む農業経営体及び２０１０年世界農林業センサス（農山村地域調査）において把握した農産物直売所並びに農協等からの情報収集により把握した農協等が運営する農産加工場、農家レストラン及び農産物の輸出に取り組む農協等としている。なお、農協等が運営する農家レストラン及び農産物の輸出に取り組む農協等については、平成24年度から調査の対象としている。同時に漁業生産関連事業2100億円弱（加工、直売所）であると試算されている（表1、表2）。

3　6次産業化推進事業者に対する支援

6次産業化に対する政策的支援により取り組み事業者が受けるメリットは、次の3つに区分できる。すなわち、①6次産業化プランナーによるコンサルティング等の支援、②「食料産業・6次産業化交付金」の支援、および③農林漁業成長産業化ファンドからの出資である。特に交付金について、②食料産業・6次産業化交付金は「6次産業化・地産地消法」が定める総合化事業計画を作成し、農林水産大臣の認定を受けた上で、審査を通過すると、食料産業・6次産業化交付金を獲得できる。③農林漁業成長産業化ファンドからの出資は総合化事業計画の認定を受けた上で、農林漁業成長産業化支援機構（A-FIVE）による審査を通過すると、農林漁業成長産業化ファンドからの出資を受けられる。

2019年度予算概算決定額では②食料産業・6次産業化交付金は、14億3400万円、そのうち（ⅰ）「加工・直売の推進」「研究開発・成果利用の促進」には3億1400万円が、（ⅱ）「加工・直売施設整備」には11億2000万円が予算にあてられている。これらの交付金・出資の補助事業を受けるためには、総合化事業化計画を受けることが前提条件となっているため、当該認定取得が第一段階の目標とされている。

総合事業化計画の認定要件は、①事業主体として、農林漁業者等（個人、法人、農林漁業者の組織する団体）であること、②事業内容は、自ら生産等に係る農水産物等を用いた新商品開発、新たな販売方法の導入・改善、必要となる生産方法の改善であることとされている。③経営改善では、2指標が設定され、（ⅰ）対象商品の指標として、売上高が5年間で5％以上増加すること、（ⅱ）所得の指標として、農林漁業および関連事業の所得が終了時までに向上し、終了年度は黒字になることとされている。事業計画は5年を上限と設定され、3年程度～5年が望ましいとされている。事業計画完了後、新たなステップを計画し、認定の更新を受けるケースもある。

取り組み事業者に対する技術・経営等の指導面での支援を目的として、農林水産省主導による各都道府県サポートセンター（以下、都道府県SCと略）が2011年度に、全国段階の6次産業化中央サポートセンター（以下、中央SCと略）が2013年度に設置されている。これらは公共的事業であり、各SCには6次産業化プランナーが登録されており、事業者が無料で支援が受けられる体制が整えられている。中央SCは都道府県SCで対応できない高い専門性が必要な案件や都道府県域を越える取り組みに対応することが主な役割であると農林水産省によって事業の趣旨が示され、両者の役割分担が示唆されている。(4) 都道府県SCは全国に一律に配備されているが、事業主体は県直轄の他、業務受託している事業主体が多様であり、これによって事業者に対する支援のあり方も多様となっている実情がある。

そこでまず、6次産業化の取り組み成果の一指標として扱われることが多い総合化事業化計画の認定事業者数の動向について検討する。

まず6次産業化プランナーの派遣回数の推移を示したものが表3である。これより①全国の総派遣件数は2016年をピークに減少傾向にあること、②恒常的に北海道ブロックは中央SCの割合が高く、逆に東海ブロックは県SCの割合が高い数値を示していることがわかる。これは北海道の広域的対応の必要性といった地域特性があること、東海ブロックは県SCの自律性が高い傾向が推察される。

次に、総合事業化計画の認定事業者数を示したものが表4である。

表3　地域ブロック別6次産業化中央および都道府県サポートセンターの支援派遣数の推移

地域ブロック	2013	2014				2015				2016				2017				2018			
	中央SC	中央SC	①都道府県SC	割合①／②	②中央＋都道府県SC	中央SC	①都道府県SC	割合①／②	②中央＋都道府県SC	中央SC	①都道府県SC	割合①／②	②中央＋都道府県SC	中央SC	①都道府県SC	割合①／②	②中央＋都道府県SC	中央SC	①都道府県SC	割合①／②	②中央＋都道府県SC
北海道	22	40	77	0.658	117	46	65	0.586	111	96	69	0.418	165	62	61	0.496	123	67	66	0.496	133
東北	50	186	1,296	0.874	1,482	182	1,069	0.855	1,251	241	1,121	0.823	1,362	178	1,097	0.860	1,275	166	1,107	0.870	1,273
関東	139	161	941	0.854	1,102	143	861	0.858	1,004	340	1,847	0.845	2,187	286	865	0.752	1,151	232	835	0.783	1,067
北陸	23	31	412	0.930	443	65	455	0.875	520	104	472	0.819	576	92	464	0.835	556	85	497	0.854	582
東海	16	40	846	0.955	886	69	710	0.911	779	148	1,158	0.887	1,306	122	1,220	0.909	1,342	110	1,041	0.904	1,151
近畿	52	125	853	0.872	978	129	603	0.824	732	248	660	0.727	908	379	808	0.681	1,187	404	754	0.651	1,158
中国四国	61	115	903	0.887	1,018	239	641	0.728	880	352	720	0.672	1,072	342	666	0.661	1,008	306	595	0.660	901
九州	66	211	2,232	0.914	2,443	316	1,718	0.845	2,034	570	1,989	0.777	2,559	440	2,136	0.829	2,576	392	1,810	0.822	2,202
沖縄	0	14	168	0.923	182	12	97	0.890	109	40	47	0.540	87	33	56	0.629	89	31	76	0.710	107
合計	429	923	15,211	0.943	16,134	1,201	12,276	0.911	13,477	2,139	16,050	0.882	18,189	1,934	14,629	0.883	16,563	1,793	13,420	0.882	15,213

資料：農林水産省公表データおよび「6次産業化中央サポートセンター事業実施報告書」より作成。

表4　地域ブロック別6次産業総合事業化計画認定事業者の数の推移

地域ブロック	2011	2012		2013		2014				2015				2016				2017				2018				⑤
	認定事業者数	認定事業者数	③	認定事業者数	③	認定事業者数	③	③／②	④	認定事業者数	③	③／②	④	認定事業者数	③	③／②	④	認定事業者数	③	③／②	④	認定事業者数	③	③／②	④	
北海道	50	81	31	101	20	117	16	0.137	8.83	123	6	0.054	7.67	127	4	0.024	6.21	142	15	0.122	16.56	152	10	0.075	10.30	0 (1)
東北	85	195	110	279	84	317	38	0.026	1.65	335	18	0.014	2.04	341	6	0.004	1.13	356	15	0.012	1.60	368	12	0.009	1.29	2 (6)
関東	94	209	115	292	83	345	53	0.048	3.10	363	18	0.018	2.54	375	12	0.005	1.41	395	20	0.017	2.36	415	20	0.019	2.57	0 (10)
北陸	35	64	29	93	29	102	9	0.020	1.31	107	5	0.010	1.36	109	2	0.003	0.89	117	8	0.014	1.95	122	5	0.009	1.18	1 (4)
東海	65	126	61	167	41	178	11	0.012	0.80	186	8	0.010	1.46	200	14	0.011	2.75	214	14	0.010	1.42	229	15	0.013	1.79	1 (3)
近畿	154	232	78	317	85	357	40	0.041	2.64	363	6	0.008	1.16	364	1	0.001	0.28	375	11	0.009	1.26	382	7	0.006	0.83	2 (6)
中国四国	99	152	53	191	39	230	39	0.038	2.47	250	20	0.023	3.22	269	19	0.018	4.54	287	18	0.018	2.42	303	16	0.018	2.43	1 (9)
九州	104	220	116	318	98	361	43	0.018	1.14	375	14	0.007	0.98	387	12	0.005	1.20	408	21	0.008	1.11	431	23	0.010	1.43	1 (7)
沖縄	23	42	19	53	11	54	1	0.005	0.35	54	0	0.000	0.00	55	1	0.011	2.94	55	0	0.000	0.00	58	3	0.028	3.84	0 (1)
合計	709	1,321	612	1,811	490	2,061	250	0.015	1.00	2,156	95	0.007	1.00	2,349	71	0.004	1.00	2,227	122	0.007	1.00	2,460	111	0.007	1.00	8 (47)

資料：農林水産省公表データおよび「6次産業化中央サポートセンター事業実施報告書」より作成。
表中の②は中央と都道府県SC派遣数、③は対前年度増加数、③／②はSC派遣による寄与率、④はSC派遣による寄与率の特化係数、⑤は2014-18年の間にSCの事業者に変更があった都道府県数（ブロック内総都道府県数）を示す。

表５　都道府県SCの事業形態別総合事業化計画者数の平均値

事業形態	2016		2017		2018		2016-2018年の増加数
A　県，県・府外郭組織	26	41.4	25	44.8	26	47.0	5.6
B　商工３団体・中小企業庁３類型支援センター	9	55.9	9	60.1	8	64.8	8.9
C　銀行系シンクタンク	2	61.5	2	67.5	2	74.5	13.0
D　NPO	2	41.0	2	41.0	2	43.0	2.0
E　JA	1	81.0	1	84.0	1	84.0	3.0
F　民営組織	7	51.7	8	48.4	8	50.1	－1.6

注：農林水産省公表データより作成。左の数値は都道府県数、右の数値は認定事業者数平均値。

これを見ると、第一に、２０１８年度の認定事業者数は、認定を開始した２０１１年の約３・５倍にまで順調に増加してきたこと、しかしながら対前年度増加数で見ると徐々に増加数は鈍化し、２０１６年を最小として、再度拡大する傾向が見られることが読み取れる。第二に、地域ブロックごとの中央ＳＣ、都道府県ＳＣからのプランナー派遣回数に対する対前年度認定事業者の増加数を見ると、北海道ブロックが恒常的に大きく、中国四国ブロック、関東ブロックの数値が高い。これらの地域ブロックは優れた事業者の存在に加え、都道府県サポートセンターの認定事業者育成の効率性が高いことが伺える。第三に、都道府県ＳＣの変動についてみると、２０１４年度から２０１８年度の間、大半の都道府県では事業者が同一組織・機関で変動はないものの、いくつかの県では受託先に１～２度の変更があったものの、これによる認定事業者数の変化への影響は読み取られなかった。

次に都道府県ＳＣの事業主体の事業形態による認定事業者数のへの影響を把握するために、まず事業主体によって６つに区分した。すなわち、（Ａ）都道府県および地方自治体の外郭組織、（Ｂ）商工３団体（商工会議所、商工会、中小企業団体中央会）および中小企業庁３類型支援センター（中小企業・ベンチャー総合支援センター、都道府県等中小企業支援センター、地域中小企業支援センター）、（Ｃ）銀行系シンクタンク、（Ｄ）ＮＰＯ、（Ｅ）ＪＡおよび（Ｆ）民営組織、である。

これらの事業形態別の都道府県の総合事業化計画者数の平均値を示したもの

が表5である。これを見ると、①県・県外郭団体自体が事業を担うケースが最も多く、全都道府県の半数強（26組織）となっていること、②銀行系シンクタンクが認定事業者数の平均値が最大であると同時に、2016年度から18年度の間、認定事業者数の平均値の増加が最も大きい傾向があること、③次いで商工3団体・中小企業庁3類型支援センターによる増加率が高いことが読み取れる。以上より、次の2点が導かれる。

第一に、6次産業化の歴史的区分である。表1および本章第2節「6次産業化の歴史的展開と現状」より、6次産業化のこれまでの展開を、第1期＝概念化・草の根的取り組み期（2010年以前）、第2期＝制度化・総合事業化計画拡大期（2011〜2016年）、第3期＝取り組みの更新・再検討期（2017年以降）と区分できる。

第二に、都道府県SCの事業主体は県・県外郭団体が最多であるが、認定事業者育成には中小企業庁3類型支援センターおよび銀行系シンクタンクの効率性が高いことが推察される。そこで次節ではこれらの2区分の事例として、岡山県SCおよび三重県SCを取り上げ、それぞれの実情を把握する。

4　認定事業者育成に有力な事業主体による6次産業化サポートセンターの特徴

(1) 商工3団体・中小企業庁3類型支援センターが事業主体となる6次産業化サポートセンターの特徴
——岡山県6次産業化サポートセンターの事例

岡山県の認定事業者数は、継続的に増加しており、対前年度増加率も全国的水準を恒常的に上回っている（表6）。岡山県6次産業化サポートセンターは岡山県から業務委託を受け、岡山県商工会連合会が事業主体となっ

表6　岡山県の認定事業者数の推移

年　度	2011	2012	2013	2014	2015	2016	2017	2018
認定事業者数	20	29	35	43	53	62	70	82
対前年度成長率	—	1.45	1.21	1.23	1.23	1.17	1.13	1.17
全年度成長率の対全国特価係数	—	0.78	0.88	1.08	1.18	1.13	1.07	1.12

注：農林水産省公表データより作成。

ている。全国の都道府県に6次産業化SCが配備されたのは2011年だが、商工会連合会では「農産物加工の食と農のマーケティング塾」（現岡山県6次産業化ビジネス塾の前身）に2008年頃から着手していた経緯がある。2011年には民間コンサルティング会社が岡山県6次産業化サポートセンターを業務受託していたが、翌2012年に岡山県商工会連合会に業務受託先が変更され、現在に至っている。

当該SCの特徴は第一に、教育制度の充実が挙げられる。「岡山県6次産業化ビジネス塾」を開設しており、事業者の教育制度があげられる。その内容は基礎編としてビジネス塾（3か月で約10講座で1タ－ム）を、応用編として6次産業ビジネスセミナーが設定されている。事業者からSCが支援依頼を受けた際、大半のケースではいったん、当該教育制度の受講を促し、ボトムアップを図る仕組みを形成している。

第二に、6次産業化サポートセンターの窓口が岡山県商工会連合会（岡山市）に加えて、県内の20商工会が全て窓口となる仕組みを形成していることである。各商工会で6次産業化に取り組もうとする事業者に対する指導がなされている。第三に、県や農業普及センター等の関係機関との連携の適切さである。県庁内には嘱託スタッフが配置されており、県の目標の把握や県主導の事業への参加・協力体制が迅速で的確に対応できる関係性を構築している。県主導事業との連携による効果が見出され、具体的には、意見交換会「6次化カフェ」（月1回）や販路形成の学習会「首都圏販売テクニックスクール」での連携がこれに相当する。また普及センターとは、農業経営体の育成の観点から共通の目的を持っており、岡山県商工連合会企画推進員の活動を通

表7　三重県の認定事業者数の推移

年　度	2011	2012	2013	2014	2015	2016	2017	2018
認定事業者数	19	37	47	50	52	59	65	73
対前年度成長率	—	1.95	1.27	1.06	1.04	1.13	1.10	1.12
全年度成長率の対全国特価係数	—	1.05	0.93	0.93	0.99	1.10	1.04	1.07

注：農林水産省公表データより作成。

して連携を強化してきた。事業者が普及センターから6次産業化ＳＣに紹介されるケースも多く、事業者の掘り起こしにおいて連携の効果が見出される。

当該事例より、商工3団体・中小企業庁3類型支援センターが6次産業化ＳＣの受託を担うメリットは、第一に、組織力の活用性である。相談案件の窓口が地域内に多く持つこととなり、事業者との掘り起こしがスムースとなる利点がある。第二に、学習・相談会やセミナー開催において、従来業務が持つ人脈等の人的資源を活用できる点にある。

(2) 銀行系シンクタンクが事業主体となる6次産業化サポートセンターの特徴
——三重県6次産業化サポートセンターの事例

三重県の認定事業者数は、2016年度以降、対前年度成長率は全国を上回っているが（表7）、事業者数の拡大よりも、質的向上が当該ＳＣの特徴となっている。三重県6次産業化サポートセンターは2014年度から三重銀総研が受託し、現在、三十三総研が担っている。これは2018年度に三重銀行と第三銀行の経営統合に伴う商号変更であり、同一組織が担ってきた。三重県6次産業化ＳＣの特徴は、第一に、金融機関としてのコンサルティング業務の専門性の活用である。6次産業化ＳＣとしての事業者からの相談受付に加えて、研修会（広域および地域別に区分）、交流会、ワークショップ等を開催しているが、特に認定事業者のフォローアップに力を入れており、取り組みの展開段階を踏まえた質の高い事業者の育成ができている点にある。認定事業の更新もいち早く取り組んできた実績がある。第二に、販路開拓支援の的確さである。インターネット上の事業者紹介や県内特産品の販売サイトを通した支援もなされているが（リージョンネット三重、6次産業化認定事業者紹介ページ等）、銀行主導の商談会・交流会の開催である。従来から金融機関としての融資等、取引のある量販店や百貨店等の小売業者が参加するため、同様の商談会を開催と比較して信用が高いメリットが見出される。第三に、関連組織との良好な連携である。三重県、農業普及センターとの6次産業化に関する協調的関係が構築されており、連携して事業が進められる体制となっている。さらに同様に銀行系シンクタンクの事業主体として業務委託を受けている岐阜県6次産業化SCと情報交換を行う関係性を構築している。

当該事例より、銀行系シンクタンクが6次産業化SCの受託を担うメリットは、次の3点に見出される。第一に、社会的信用の高さである。他産業から理解が得られやすく、販路形成においても優位性がある。第二に、経営診断・支援のノウハウの水準の高さである。事業者の経営の段階を捕らえられるとともに、コンサルティング業務のノウハウが6次産業化に取り組む事業者の育成に活かされることである。第三に、融資・投資の可能性が見出されることである。6次産業化事業者は、交付金の獲得やA-Fiveからの融資を得られる機会があるものの、資金獲得が極めて難しい状況にある。金融機関が母体となる6次産業化SCは経営の実情が把握できるため、健全な事業主体に対して、融資・投資が可能となるケースが考えられるだろう。

5　6次産業化推進の支援における方向性の再検討

以上の分析結果から、6次産業化推進の支援における方向性として必要である点は以下の3点にまとめられる。

第一に、政策的目標の再設定である。現行の市場規模の目標水準は明快だが、質的成果を含めた成果指標の検討の余地が残されている。特に地域の活性化の観点を考慮されるべきであろう。

第二に、総合事業化計画の認定によるメリットの再検討である。事業内容が農林水産大臣に認められると信用が得られる等のメリットはあるものの、6次産業化交付金の獲得が極めて難しくなった今日、直接的なメリットは限定的となってきている。6次産業化にまつわる今日の歴史的段階を踏まえると、事業案件の量的拡大から質的向上への重点の移行が望まれる。具体的には、事業の安定・拡大、補助金を受けなくても経営が維持・継続できる自律性獲得に寄与できる仕組みが総合事業化計画の認定のメリットに組み込まれるよう検討されるべきであろう。

第三に、中央SCと都道府県SCおよび関連機関の協調関係の構築である。現実的問題として、都道府県段階の6次産業化プランナーの専門分野に偏りが生じるのは止むを得ず、対応不可能な場合、中央SCのプランナーを要請することは不可欠であろう。しかしながら、中央SCと各都道府県SCの複数の窓口があり、これまで互いの役割分担が不明確であった点は否めない。両者の情報の共有が不可欠であり、互いの連携がなされるべきである。これには現在、両SCの協調的な支援体制への改善が講じられている。農政局・農政事務所等においても、6次産業化担当者にコンシェルジュ（総合事業化計画対応）、アンバサダー（食料産業・6次産業化交付金）制度を2018年度から導入し、農政局間の地域ブロックを超えた情報交換を行う工夫がなされている。

さらには、6次産業化に取り組む事業者と中央・都道府県SCのプランナーによる推進のみならず、案件ごとに県、普及センター、市町、JA、関係機関など、組織間で連携した支援・推進体制の構築が望まれる。特に市町が一体となった地域ぐるみでの取り組みは地域全体への波及効果や公共性の観点からも推進されなければばならない。６次産業化の戦略策定や、独自のアドバイザー制度の導入や補助金を設置している積極的な市町自治体も存在するが、さらに充実させる方策が検討されるべきであろう。

注

（１）今村奈良臣「農業の六次産業化」農業組合新聞、２０１７年3月。https://www.jacom.or.jp/noukyo/rensai/2017/03/170319-32281.php 参照。

（２）引用文献（財）21世紀村づくり塾（１９９８）参照。

（３）政府目標（10兆円）に関連づけられ、予算措置がなされている事務事業及び予算額であり、23事務事業で４０２億７０００万円となっている（２０１８年度数値）。総務省、「農林漁業の六次産業化の推進に関する政策評価書」平成31年3月、７〜９頁参照。

（４）農林水産省「平成31年度農山漁村６次産業化対策事業のうち６次産業化中央サポート事業の公募について」http://www.maff.go.jp/j/supply/hozyo/shokusan/190205_2.html 参照。

引用文献

（財）21世紀村づくり塾（１９９８）『地域に活力を生む、農業の６次産業化』。

第Ⅲ部 海外の農企業の地域とのかかわり

第11章 園芸農産物の流通網とその構造変化——タイ国都市近郊地域

リラワニチャクル アピチャヤ（Lilavanichakul Apichaya）
伊庭 治彦

本章のキーワード ▼▼▼ タイ／卸売市場／仲介業者／新業態流通業者

1 流通をめぐる環境の変化

本章では、タイ国の都市地域における園芸農産物の流通に関わる拠点と各種主体の性質と機能を整理し、近年の流通構造の変化を明らかにする。

タイ国における従来の園芸農産物の流通網は、流通拠点である「卸売市場」「ウェットマーケット」、および流通主体である「農業者」「地元集荷人」「仲介業者」「小売店」「消費者」を構成要素として機能してきた。これら流通主体の中でも、仲介業者は、生産物を農業者から（広い意味での）市場に届ける上で重要な役割を果たしてきた。なぜなら、流通の始発主体である園芸農産物を生産する農業者の多くは小規模経営〔15ライ（＝2.4ha。1ライは約1600平方メートル）未満〕であり、自ら卸売市場へ出荷し販売することは効率的ではないからである。そのため、仲介業者へ庭先販売することが農業者にとっての主な販売方法となってきた[1]。加え

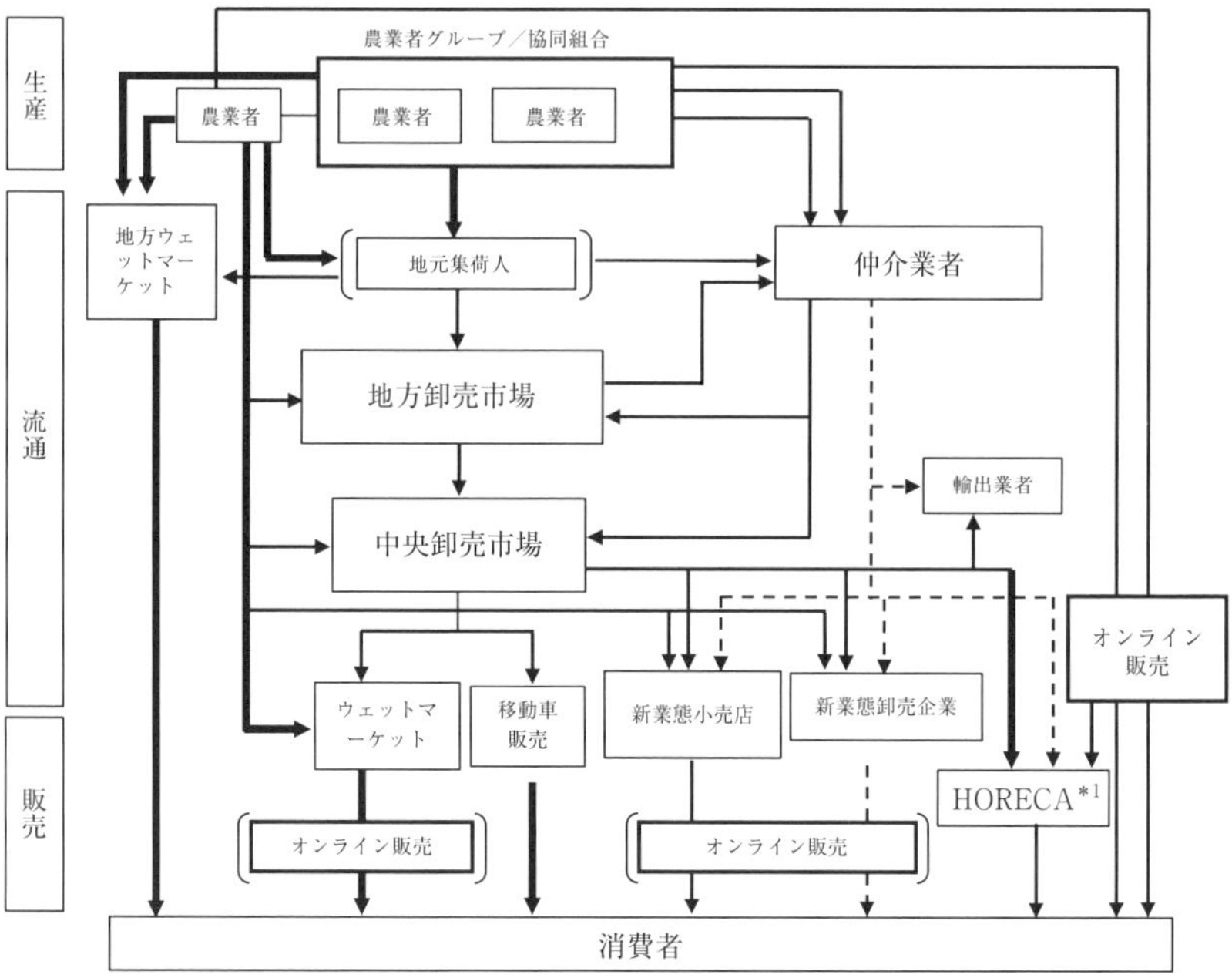

図１　バンコク市近郊における現代の園芸農産物の流通網
*1「HORECA」は、ホテル、レストラン、食堂を意味する。
注：線種は主体間の関係の強さを示す。- - -低位、——中位、━━高位

て、地元のウェットマーケットにある小売店への販売も伝統的な販路であるが、購入量の制約から、仲介業者が流通の大宗を占めてきた。

農業者は、その情報収集力が低位に留まっていた時期には販売時の交渉力は弱くならざるを得ず、仲介業者が提示する価格をほぼ無条件で受け入れることを余儀なくされてきた。しかし、近年では、新たな主体の流通事業への参入や先進的な情報通信技術の発展とその活用による新たな流通システムの構築により、園芸農産物の流通を巡る環境変化が競争激化という形で進んでいる。その結果、生産物の取引における仲介業者の交渉力は低下傾向にある。次節以降、図1を参照しつつ、流通網の構成要素である流通拠点と流通主体について見ていく。

2　流通拠点

(1) 卸売市場

タイ国の農業者が所得向上を図る上で、生産物の価格情報の収集、販売機会へのアクセスの改善、さらにはこれらにもとづく販売先との交渉力の強化は大きな課題である。既述のように農業者にとって販売機会へのアクセスが困難な場合は仲介業者に頼らざるを得ず、このような関係は両者間にアンバランスな力関係を生じる。すなわち、仲介業者は、農産物の流通において農業者と消費者をつなぐという重要な役割を担うと同時に、生産物の販路の選択肢が限られる農業者に対して、より強い交渉力を獲得し、自己に有利な条件下においての取引を行うことになる。そのため、農業者にとっては不利な売買関係が形成されやすいことになる。政府はこのような問題の解決に向けて、35年前より中央卸売市場の設立支援を積極的に行ってきた。中央卸売市場は売り手と買い手の間にあって農産物取引のためのハブ機能(2)を担い、農業者をはじめとして多様な主体が市場に直接アクセスすることを可能とし、公平な競争の形成に努めている。この結果、仲介業者の農業者に対する不公平な価格による独占的な買い取りの防止が図られ、農業者の手取り価格が市場状況を反映したものとなる。２０１９年時点では、国内流通局（ＤＩＴ）に登録されている農産物中央卸売市場は、米および作物市場71市場、野菜および果物23市場、水産物４市場等を含む計１００市場である。

写真1　バンコク市内の卸売市場

写真2　バンコク市内のウェットマーケット

出所：写真1～4、伊庭治彦撮影。

(2) ウェットマーケット

ウェットマーケットは伝統的な小規模市場であり、タイ国の社会と文化の一部として根付いている。２０１９年時点では、国内流通局（ＤＩＴ）には３７７のウェットマーケットが登録されている。ウェットマーケット場内はさまざまな小売業者で構成されており、消費者は少量での生産物の購入が可能である。各小売店は独自の生産物の集荷ルートを有しているが、仲介業者からの仕入れも多い。(Schipmann and Qaim 2011; Tsuchiya et al. 2015) ウェットマーケットは、後述するスーパーマーケットやハイパーマーケットといった新たな流通主体を直接の競争相手とする流通拠点でもある。ウェットマーケットは、少量で多品種の生産物を毎日提供できることが強みであり、地元の消費者と強いつながりを築いている。また、バンコクのような都市に位置するウェットマーケットでは、オンライン販売、キャッシュレス支払い、宅配サービスを提供することにより消費者の利便性の向上を図っている。たとえば、Yingcharoen 市場は食品配送サービスを行う Songsod 社と協力し、顧客に対して購入品の宅配サービスを提供している。これらの新たなサービスの展開は、流通事業市場における競争の激化の結果といえる。

3 流通主体

(1) 仲介業者

生産物の流通網における仲介業は、個人が専門的に行う場合が多いが、農家グループ/農業協同組合や卸売企業等が同様の機能を担う場合もある。ただし、本章では、「個人が専門的に行う仲介業者」に限定し、その機能および特徴を整理することとする。

伝統的な流通網において仲介業者が果たす役割は、農業者から生産物を買いとり、卸売市場に運搬し販売することにより農業者と消費者をつなぐことである。仲介業者の数は、流通経路が長いほど、取引される生産物の量が大きいほど、生産物の差別化の程度が大きいほど、そして消費者の需要量が大きいほど多くなる。さらに、流通に関連する事業として、集荷場所および卸売市場において生産物の保管、加工、製品の梱包といったサービスを行う仲介業者も多い。そのため、これらの関連サービスに対する需要の大きさにより仲介業者の数は増減する。さらに、仲介業者が行う事業範囲は一様ではなく、生産物の販路の多様化や情報通信技術の発展を要因とする流通事業の競争激化により、ますます幅広くなりつつある。

なお、バンコク市内の卸売市場では、ハード面における面的拡大を伴う効率的な施設の整備、およびソフト面における情報インフラストラクチャーの整備が急速に進んでいる。このことにより、規模の経済性において優位性を備えるに至った大規模小売店(後述する「新業態小売店」)では独自の仕入れが容易になり仲介業者への依存度が低下している。このような小売業者の成長は、流通網における仲介業者の交渉力を弱めることとなっ

写真３　集荷する仲介業者

写真４　仲介業者でもある中規模農業経営の白なすの集荷場

た。そのため仲介業者は流通サービス事業における競争の激化に直面することになり、自らの生き残りのためのサービスの向上に取り組んでいる。

なお、農業者と仲介業者の間に集荷作業を担う「地元集荷人」が介在することは少なくない。地元集荷人は、主には生産物を出荷する農家と同じ地域に位置する農家である。生産物の集荷・出荷に必要な施設や運送手段を有し、生産物の貯蔵や梱包サービスを行うことも多い。このようなサービスは、仲介業者にとっては買い取り価格が上昇することになる。なお、集荷人の事業規模が大きくなるにしたがい、集荷人自身が仲介業者となる場合もある。

(2)　新業態流通業者

近年では、タイ国においてもスーパーマーケットやハイパーマーケット[3]といった、現代的なサービスや店舗イメージ、より幅広い商品ラインナップ、多様な購入方法などの利便性を備える大規模小売店が出現し多くの消費者に支持されている。以下では、このような小売店を新業態小売店と呼ぶこととする。新業態小売店では卸売市場を通しての生産物の仕入れだけではなく、農業者との栽培契約取引などによる生産物の調達経路の短縮を図ることを特徴の一つとする。短縮された調達経路は、新業態小売店の市場での交渉力と価格競争力を高め、卸売市場と仲介業者への依存を低減することになる。同時に、農業者にとっては生産物の販売機会としてより広い選択肢を得ることになる。とくに、バンコクなどの都市部の消費者には、ウェットマーケットから新業態小売店にシフトする傾向が強く現れている（これに対応する形でウェットマーケットが種々のサービスを展開しているのは既述のとおりである）。また、卸売業においても新業態と呼べる企業（「新業態卸売企業」と呼ぶ）が誕生している。例えば、大規模卸売企業であるマクロ社は、農業者との独自のネットワークを開発し直接に仕入れや契約栽培を行うだけでなく、独自の生産物を企画し、生産指導から流通までを担っている。

小売業や卸売業において新業態流通業者が出現することにより、農業者から小売店および消費者生産物が届くまでの関係性の短縮化が進んでいる。このことは、単に流通網の効率化の側面だけでなく、消費者の食料に対する意識や選好の変化、例えば、食品の安心・安全性、生産における環境への負担軽減、生産活動の持続可能性への関心の高まりを反映してのものでもある。このような背景において、新業態流通業者は、流通経路の短縮によりで新鮮安心・安全な生産物を農業者から消費者に届けることに加えて、農業者の生産活動に対する支援にも取り組んでいる。

さらに、新業態流通業者に関わる先進的な流通網として、デジタルプラットフォームを活用しての農業者による生産物の直接販売を挙げることができる。バンコク近郊では、政府のサポートにより構築されたデジタルプラットフォームを活用することにより、農業者は効率的な販売を行うことができる。同時に、新業態小売店にとっては新鮮な生産物の宅配サービスを行いうるオンライン販売を可能とする。

（3）農業者グループ・協同組合

都市住民に見られる食料消費パターンの急速な変化は、有機農産物をはじめとする高付加価値生産物の市場あるいはニッチ市場を産み出している。農業者がこのような高付加価値生産物を販売する場合、農業者グループや協同組合は集荷・出荷・販売の各機能を担いうる組織である。例えば、バンコク市に近いナコンパトム県に有機農産物市場として設立されたスクジャイ（SookJai）市場において生産物を販売するためには、農業者は市場が規定する条件を満たし、かつ、農民グループのメンバーになる必要がある。このような流通網は、仲介業者の活動を省くことにより、農業者の販売活動を収益性の高いものにする。例えば、農業者は自己の生産物に自ら適切な価格を設定することにより、収益を増やすことが可能となる。ただし、農業者には、販売者として消費者とのコミュニケーションを形成し交渉を行うためのスキルが求められる。さらに、より大きな成功を得るためには、市場のマネージャーや加入しているグループのリーダーとの間の情報交換や、消費者とのネットワークを構築することが重要となる（Pannok and Treewannakul, 2018）。なお、現在、このような流通網をとって流通する生産物の量は、園芸農産物全体の流通量に対して極めて小さい。

（4）流通事業への新規参入者

園芸農産物の流通事業を仲介業者として開始することはさほど困難ではなく、新規参入者は少なくない。卸売市場で販売活動を行うには市場開設者から販売許可を受け、場所代を支払う必要があるが、一定の資金力があれば可能である。あるいは、駐車場での販売であれば、許可証と安価な駐車料金を毎日支払うことにより販売活動を行うことができる。その上で、先進的な情報技術を活用することに長けていれば、そうではない既存の仲介業者に比してより優れた流通サービスを農業者に提供でき、競争力を強化することができる。このことは、同技術の活用の可否が、流通事業への参入障壁の高さに影響することを意味する。

一方、既存の仲介業者が農業者や販売先と構築しているネットワークの強さは、集荷と販売の両面での顧客の確保において、参入障壁を高いものとする（Schipmann and Qaim, 2011）。量的・質的に変動が大きい園芸農産物の取引において、農業者や販売先がいずれの仲介業者を取引相手とするかは、相互の信用の高さを重視するからである。ただし、このことは同時に、新規参入者が農業者とより強い関係性を有している、あるいは形成しやすい場合の競争力の高さを意味する。

以上の流通事業における競争構造の下で、仲介業への参入・退出はめまぐるしいものとなっている。以下では、代表的な新規参入者について、その競争力を見ていく。

① 大・中規模農業経営

流通事業への新規参入者の一つに大規模農業経営（数百ライ規模）がいる。かれらは、地元集荷人と仲介業者の機能を併せもち、主には近隣に位置する農業者から集荷した生産物を、自己の生産物と一緒に卸売市場において販売する。このような大規模農業経営は、地元集荷人としての経験の有無に関わらず増加傾向にある。

とくに、仲介業者としての大規模農業経営の競争力の源泉は、集荷先である小規模農業経営との関係性の強さである。生産に必要となる機械作業の受託や労働力、肥料等の生産資材を供給するといった生産活動を補助することにより、既存の仲介業者に比してより強い関係性を構築しうるのである。また、そのような小規模農業経営に対する集荷力が、販売面における生産物の量的・質的な安定をもたらし、卸売市場において顧客を獲得とすることにつながる。この点で、大規模農業経営は既存の仲介業者との集荷および販売競争において優位性を有することが可能である。

なお、中規模農業経営（数十ライ規模）についても、卸売市場における販売活動の参入条件の低さにより、ほとんどは駐車場での販売活動であるが、自己の生産物を自ら出荷し販売することも少なくない。ただし、販売に要する時間の長さとそれに見合った労働力の配置の必要性が問題となり、早期に流通事業から撤退することも少なくない。

② 革新的新規参入者

既述のように、仲介業者がより良い流通サービスを農業者および販売先に提供する上で、先進的な情報通信技術、すなわちオンライン技術を駆使することは極めて有用である。換言すれば、現代の園芸農産物の流通網において、物流と商流の両面でさらなる利便性や効率性を追求するためには、オンライン技術は必須である。このような流通網の革新の担い手は、往々にしてそれまで農産物流通とは無関係であった若年の新規参入者である。かれらは、アントレプレナーとしてオンライン技術を駆使し、新たな流通事業モデルを構築する。その特徴は、圃場から消費者の食卓までの物理的・関係的な距離の短縮化である。デジタルプラットフォームを活用することにより、流通網内の人為的活動を極力排除し、端から端までを最短で結ぶことが可能となる。具体的には、オンライン販売やホテル、レストラン、カフェテリアをはじめとする顧客への直接配送による販売が可能となる。その結果として、農業者の収益性を高めると同時に、顧客のニーズに応えることが容易となる。このような革新的新規参入者による流通網の再編に対して期待が高まりつつある（Lilavanichakul, 2019）。

4 進化する園芸農産物の流通網

タイ国における園芸農産物市場の展開は、新業態流通業者の出現と成長、卸売市場のハードとソフトの両面での整備、先進的情報技術の活用、という3つの要素が相乗的に促進されている。これらの変化は、市場競争の激化と流通網の短縮という2つの流れにより特徴付けられ、その結果として農業者の収益は改善されつつある。本章の最後として、このような変化を整理しまとめとする。

① 販売拠点におけるハードとソフトの両面での整備

卸売市場での販売スペースの拡大および施設機能（配達員、品質管理、場内運営管理）の充足により、農業者をはじめとする新規参入者に潜在的な販売活動の機会が提供される。また、公的部門と民間部門が、より多くの情報と知識を共有することにより、流通の効率化が図られる。例えば、卸売市場での取引価格の情報は毎日更新され、誰もが卸売市場のウェブページで入手できる。

② 流通業者間の競争の激化

流通業における新規参入者が多いほど競争が激しくなり、農業者の交渉力が強化される。したがって、仲介業者は、顧客農業者を確保するために追加のサービスを提供する必要がある。同じく、新業態流通業者の出現も市場の競争激化を招いており、農業者にとって収益性の高い取引の機会を提供する。ただし、新業態流通業者の市場における比重の高まりは、流通網の構造変化をとおして市場統合の方向に影響を与える可能性がある（Sekine and Hisano, 2009）。

③ 先進的情報技術の活用

先進的情報技術の活用は、農業者にとって農業経営の効率化や販売先へのアクセスを容易にし、利便性・効率性の高い取引の構築・選択に役立つ。加えて、同情報技術を駆使するアントレプレナー等による新たな流通モデルの構築をとおして、流通網全体の効率化が期待されている。

［補足］農業者と仲介業者の情報の非対称性による非効率

生産物の質、価格、および安全性に関する情報は、通常、圃場から消費者の食卓に至るまでの流通途上において形成される。流通に関係する主体（＝経済取引者）間で情報が非対称になると、それぞれに機会主義的行動をとることの誘因が発生し、経済取引主体の次元および生産物市場の次元に非効率が発生する。[4]

例えば、農業者と仲介業者の間の情報の非対称性は、農業者をプリンシパル、仲介業者をエージェントとする、プリンシパル―エージェント問題として捉えることができる。このとき、プリンシパルである農業者は生産物の品質を明らかにせず、エージェントは卸売市場での販売価格を明らかにしない。ただし、エージェントは生産物の品質を一定の誤差の範囲で得ることができる。このような情報の非対称性の下で両者間の取引が行われる場合、エージェントは価格情報を独占することにより自己に有利な取引を行うことが可能になる。

また、取引における交渉力は、情報の非対称性と取引関係者の数によっても特徴付けられる（Mitchell, 2011）。園芸農産物は腐りやすく、また多くの農業者により生産されるため、農業者は多くの競争相手がいる市場に参入することになる。一方、農業者が取引できる仲介業者の数が少なければ買い手市場が形成されることになる。このような条件下において、農業者は価格の設定におけるイニシアチブをとることができず、不利な条件の下で生産物を販売せざるを得なくなる。すなわち、これまでの園芸農産物を取引する流通網の中では、農業者にとって非効率な取引にならざるを得なかったのである。

参考文献

Lilavanichakul, A.（2019）. E-commerce of Agricultural Products in Thailand. FFTC Agricultural Policy Articles（FFTC-AP）, Food and Fertilizer Technology Center for the Asian and Pacific Region.

Mitchell, T.（2011）. Middlemen, bargaining and price information: is knowledge power. *London School of Economics and Political Science.*

Pannok, T. & Treewannakul, P.（2018）. Participation of Farmers in Sampran Model in Nakhon Pathom and Ratchaburi Province, *Agricultural Science Journal*,49 (2), 179-192. [in Thai]

Schipmann, C., & Qaim, M.（2011）. Supply chain differentiation, contract agriculture, and farmers' marketing preferences: The case of sweet pepper in Thailand. *Food policy*, 36(5), 667-677.

Sekine, K., & Hisano, S.（2009）. Agribusiness Involvement in Local Agriculture as a 'White Knight'? A Case Study of Dole Japan's Fresh Vegetable Business. *International Journal of Sociology of Agriculture & Food*, 16(2).

Tsuchiya, K., Hara, Y., & Thaitakoo, D.（2015）. Linking food and land systems for sustainable peri-urban agriculture in Bangkok Metropolitan Region. *Landscape and urban planning*, 143, 192-204.

Department of Internal Trade（国内流通局）.（2019）. *Marketing system and Marketing tools*. Department of Internal Trade（DIT）. Available from: https://mwsc.dit.go.th/index.php [in Thai]

注

（1）農業者と仲介業者との間の取引においては、庭先販売だけでなく、前者から後者に販売委託する場合がある。ただし、本章においては、庭先販売を両者間の通常の取引として捉え、特別な注記がない場合はこの意味において両者間の取引とする。
（2）ハブとは、人や物のネットワークにおいてその中心にあり、ネットワーク内を流れる情報や物の交換・流通を効率的に行う機能を有するネットワークの構成要素としての人や物を指す。
（3）郊外立地型の大型店舗において衣食住の商品を一括して取り扱う小売業の形態である。
（4）自分にとって有利に取引を進めるために、状況に応じて行動を選択することを意味する。例えば、自分に有利になるように保持する情報を隠したりすることや、信頼や期待を裏切る行動が該当する。

第12章

酪農生産の動向とクラスター展開
——中国内モンゴル

長命　洋佑
南石　晃明

本章のキーワード ▼▼▼ 内モンゴル自治区／乳業メーカー／クラスター展開／メラミン事件

1　中国内モンゴルの酪農生産をめぐる動き

中国は1978年の改革開放以降、急速な経済発展による生活水準の向上や食生活の多様化、都市部を中心とした牛乳および乳製品の消費増大により、酪農・乳業生産が著しい成長をみせている。その背景には、中国政府による政策の実施が挙げられる。1980年以降、酪農・乳業生産は国家経済の発展推進のための重要産業と位置づけられた。1989年には、国家評議会は、酪農・乳業を国家経済の発展を推進するための重要な産業として位置づけ、融資、技術、インフラ支援などの政策を確立した。さらに1997年、国務院は牛乳の飲用による国民の健康増進を図ることを目的に「全国栄養改善計画」を公表し、酪農・乳業を重点的発展産業とした。2000年には小・中学生に対する牛乳の摂取を促進し、身体の発育・発達と牛乳・乳製品の消費拡大などに資するため「学生飲用乳計画」を実施した。これらの産業支援策により、牛乳・乳製品は国民生活の中に浸透していき、2000年以降、中国の酪農・乳業はこれまで以上に飛躍的に成長を遂げることとなった（長谷川・谷口 2010）。そのなかでも著しい成長をみせているのが内モンゴル自治区（以下、内モンゴル）である。

そうしたなか、2008年に中国全土を揺るがす大事件が発生した。「メラミン混入粉ミルク事件（以下、メラミン事件）」である。詳細は後述するが、メラミン事件では、乳幼児に大きな被害をもたらし、中国国土で5・4万人以上の乳児が腎臓結石となり、少なくとも5人が死亡した。また、中国最大手の乳業メーカーである内蒙古伊利実業集団股份有限公司（以下、伊利）や内蒙古蒙牛乳業集団股份有限公司（以下、蒙牛）でも微量のメラミンが検出され、乳業メーカーの品質管理の甘さが浮き彫りとなった。中国政府は、メラミン事件が零細農家からの集乳システムに問題があったと考えており、経営規模拡大を促進し、品質・安全性を確保することを積極的に促している。乳業メーカーはこれを受けて、直営農場からの調達率を高める動きを加速させている。また、消費者の信頼を取り戻し、安全・安心な酪農生産を行うため、規模に応じた中長期的な支援策や食品の安全確保に対する取り組みを実施している。例えば、中国乳業協会は「乳品品質安全工作の強化に関する通知」を発表、国務院も「乳品質安全監督管理条例」を公布するなど、禁止薬物、添加剤の使用禁止、搾乳ステーションでの牛乳検査、乳製品加工企業での原料乳検査など、安全性確保のための体制強化に努めている（北倉ら 2009）。乳製品に関する安全問題とその原因については、食品安全の問題は単なる食品自体の問題ではなく、酪農家に関わる諸問題（例えば、乳牛の飼育、飼料、防疫等）、搾乳ステーションに関わる問題（例えば、牛乳の購入検査、運送等）と加工企業に関わる諸問題とがトータルに関連する問題である（達古拉 2014）。近年では、こうした問題に対応するために、多様なステークホルダーが有機的に連携を図りクラスターを形成していく動きが見られるようになってきている。

そこで本章では、中国最大の酪農生産地域である内モンゴルに焦点を当て、内モンゴルにおける酪農生産の特徴を明らかにしたうえで、メラミン事件を契機とした乳業メーカーの新たなクラスター展開について検討することを目的とする。

以下、次節では、中国内モンゴルにおける酪農生産の動きおよび特徴について整理する。第3節では、内モンゴルの酪農・乳業の取引形態について整理を行う。第4節では、メラミン事件を契機とした乳業メーカーのクラスター展開について述べる。最後、第5節では、本章のまとめとして今後の内モンゴル酪農生産の課題について述べる。

なお、第2節および第3節について長命（2017）を、第4節（1）は長命・南石（2015）を要約するかたちで述べていくこととしよう。詳細については、それぞれの文献を参照いただきたい。

2　内モンゴルの酪農生産の概況と特徴

（1）内モンゴル酪農生産の概況

内モンゴルにおける農業生産額は、2000年に543・2億元であったが2014年には2779・8億元へと5倍以上に増加している。畜産物に関しては、2000年は205・5億元であったが、2014年には1205・7億元へと増加している。また、生産額に占める畜産物の比率は、2000年の37・8％であったが、2009年にピークの45・9％に増加し、以降、43・4～45・7％の水準で推移している。

家畜の飼養頭数を見てみると、牛の飼養頭数の推移は、2000年は351・6万頭であったが、2008

年にはピークの688・0万頭へと増加した。その後、メラミン事件の影響などにより、減少傾向にあり、2014年は630・6万頭となっている。養豚は、2006年までは700万頭台で推移していたが、2007年以降、600万頭台へと減少し、2014年には669・4万頭となっている。山羊は、2014年は1553・1万頭となっており、2007年のピーク時（2237・9万頭）の約7割まで落ち込んでいる。綿羊は2000年以降、増加傾向にあり、2006年にピーク（3732・3万頭）となったが、2007年に大幅に減少した。2008年以降は、増加傾向にあり、2014年は4016・2万頭となっている。山羊や綿羊の推移に関しては、2000年以降に実施された「退耕還林・還草」政策などの環境保全政策により、家畜の飼養頭数が制限されていることも飼養頭数に影響を及ぼしている。

また、生乳生産量を見てみると、2000年には83万トンであったが、その後増加傾向で推移し、2008年にはピークの912・2万トンとなった。しかしその後は、メラミン事件の影響により減少し、2014年は797・1万トンと事件発生時の水準には回復していない。

(2) 内モンゴル酪農生産の特徴

中国において、急速な酪農生産の発展を遂げている内モンゴルであるが、当該地域では、他地域と比べ以下のような特徴を有している（長谷川ら 2007）。第一に、内モンゴルが有する自然条件である。内モンゴルは、中国全土の草地の約5分の1に当たる13億ムー（約86万7000平方㎞）の草地が広がっており、草地資源に恵まれていること、緯度が37～53度の間にあり、酪農生産に適した環境であることが挙げられる。第二に、大都市の市場に隣接している立地条件である。内モンゴルは、東西に2400㎞、南北に1700㎞の長さとなっており、ロシア、モンゴルの国境と隣接している他、中国の7省1自治区と接している。特に、大市場がある東北・西北および華北と接していることに加え、近年、高速道路や国道の整備などによって物流が飛躍的に拡大し、大消費地への輸送も容易になったことも大きな特徴といえる。第三に、政府からの政策支援を受けていることである。内モンゴルには、中国政府による西部大開発における12か所の開発計画地区の1つであるフフホト市ホリンゴル県盛楽経済園区を含んでおり、政策面での支援が施されている。

さらに、2000年以降、急速に発展を遂げた背景としては、内モンゴル政府が自治区内の主要産業である酪農・乳業を重視し、酪農家の生産意識を刺激し、税制の優遇措置を講じるなど、政策としてその発展を強力に推進してきたこと、特に1997年以降に、内モンゴル政府が家畜や作物の育種改良を積極的に推進するとともに、海外から優良な精液や種子を導入してきたことが考えられる。

3 内モンゴルの酪農・乳業の取引形態

1980年以降、内モンゴルでは都市部を中心に外資企業が進出し、1990年以降になると、外資企業の影響力はさらに強くなり、都市部およびそれらの近隣部において物流のインフラが整備され、生乳の取引形態が大きく変化した。特に内モンゴルの中心市街地であるフフホトに「蒙牛」や「伊利」などの巨大乳業メーカーが設立されたことにより、酪農・乳業生産を取り巻く環境が大きく変化した。フフホト周辺は零細な酪農家が多かったため、乳業メーカーは原料乳を確保するため、自身で搾乳施設を持たない小規模の酪農家が集まっている集落や村に搾乳ステーションを建設した。現地の乳業メーカー関係者や研究者からの聞き取りより、内モンゴルにおける生乳の取引形態を飼養頭数の規模で分類すると、大きく以下に示す3つの形態に分類すること

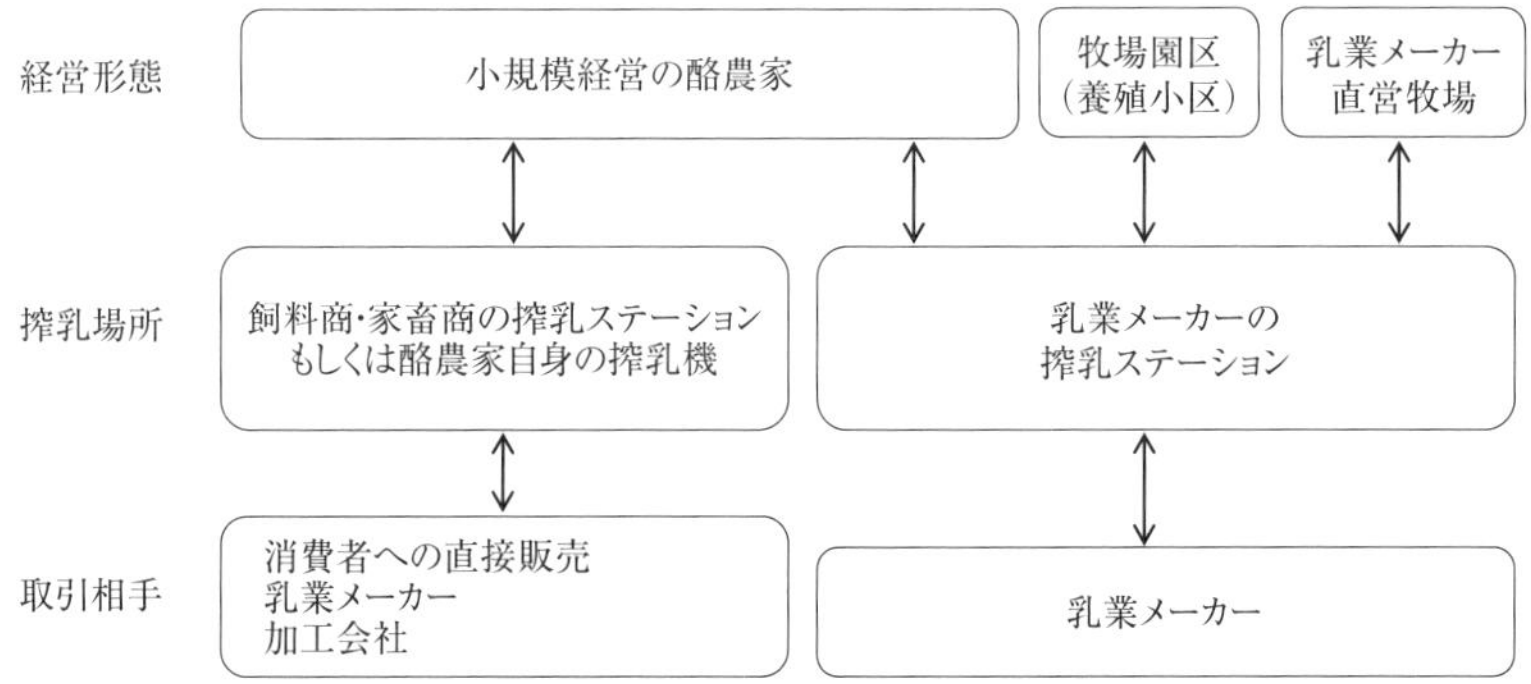

図1　経営形態別にみた生乳の流通構造

資料：聞き取り調査より筆者作成。

ができる（図1）。

（3）3つの経営形態

①　小規模で酪農生産を行う酪農家（写真1）

少頭数の規模で酪農生産を行っている酪農家である。これらの農家は政府の指導・支援を受け、酪農生産を始めた層である。[1] また、これら小規模の酪農家は、次の3つのパターンに分類することができる。

第一に、個人で酪農生産を行っている農家である。これらの農家は、特定の乳業メーカーとの契約がなく、酪農家自身の意思決定のもとで、搾乳から生乳の取り引きまでを行っている。また、酪農家自身が搾乳機材を所有し他の酪農家に出向き、生乳を集荷する酪農家もいる。これらの酪農家は、乳業メーカーに生乳を販売することだけでなく、消費者や加工会社への直接販売を行っている場合もある。さらに、酪農生産を始める前（多くの場合、移民する前）に、乳牛の他に綿羊や山羊を飼養しており、生乳を加工し、乳製品を作っていた農家は、自ら乳製品の製造・加工を行い、消費者に販売している。

第二に、酪農生産の専業村において酪農生産を行う酪農家である。多くの農家は飼養頭数5頭未満の零細な農家である。なかには規模拡大を図り、10頭前後まで飼養頭数を拡大させている農家もいる。専業

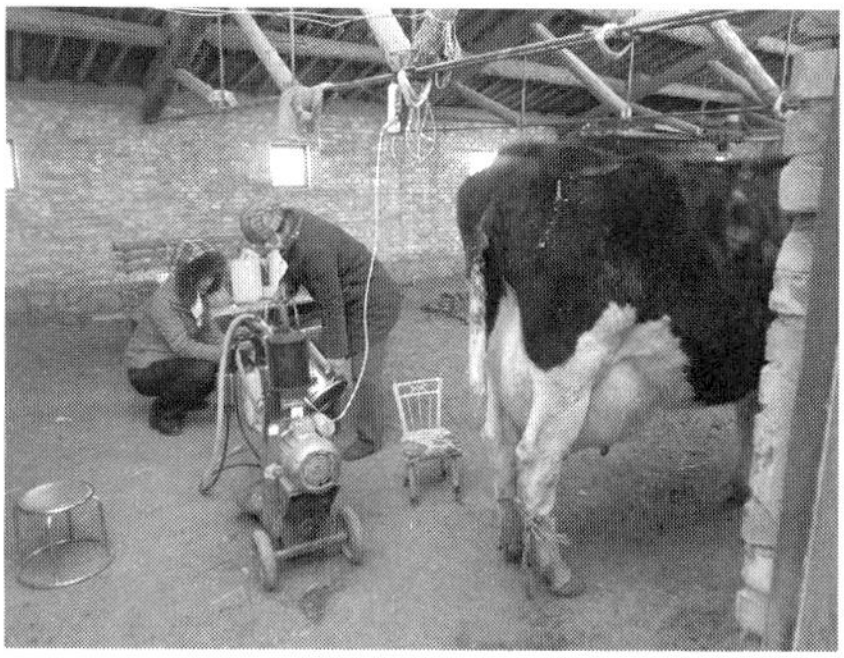

写真１　小規模酪農家の様子

出所：筆者撮影。

村では、飼料商や家畜商などの事業者が搾乳ステーションを設置している場合は、酪農家はそのステーションに乳牛を移動させ、搾乳を行い、事業者に生乳を販売する。その他に、事業者自身が個人の搾乳機材を所有しており、酪農家の牛舎を訪問する場合もある。どちらの形式でも、事業者は、集荷した生乳の消費者への直接販売や、乳業メーカーや加工会社に販売を行っている。

第三に、乳業メーカーと生産取引の契約を結び酪農生産を行う酪農家である。先の２つの形態と基本的に日常的な酪農生産の管理・生産構造は同じである。酪農家は、乳業メーカーが建設した搾乳ステーションに乳牛を移動させ、そこで搾乳を行い、その生乳を乳業メーカーに販売している。ただし、後述するようにメラミン事件以降は、乳業メーカーが自社の直営牧場を建設し、大規模・集約型の生産にシフトするようになった結果、小規模の酪農家との契約は打ち切られ、酪農家が生産活動を中止するようになった。

②　牧場園区（養殖小区）で酪農生産を行う酪農家[2]（写真２）

牧場園区とは、乳業メーカーが建設した酪農生産団地のことである。以前は養殖小区とも呼ばれていた。酪農家は、牛舎、運動場、住まいなどが一式となった施設に住み酪農生産を行っている。牧場園区は酪農専

写真２　牧場園区の様子

出所：筆者撮影。

業村よりも飼養頭数が多い酪農経営の団地といえる（矢坂　２００８）。飼養頭数は地域によって異なるが、概ね20～50頭規模、多い場合１００頭ぐらいとなっている。例えば、大手乳業メーカー伊利の場合は、「公司（企業：乳業メーカー）＋牧場園区＋農家」モデルを採用し、生乳の確保を行っている。

酪農家は、園区内の施設で酪農生産を行い、朝・夕の２回、乳業メーカーが建設した搾乳ステーションに乳牛を移動させ、搾乳を行う。園区内で酪農生産を行っている酪農家は、乳業メーカーの子会社や系列会社の飼料を安価で購入することができることや、飼養管理に関して乳業メーカーの担当者より技術指導を受けることができるなどのメリットがある。また、資金調達の際、優遇措置を受けることもできる。

③　乳業メーカーにおける大規模直営牧場（写真３）

大規模直営牧場の多くは、乳業メーカーが所有している。直営牧場では、数千頭を超える乳牛を飼養しているメガファームがその大多数を占めており、近年では、年間の生乳の出荷量が年間１万トンを超えるギガファームが現れるようになってきている。さらに、近い将来、10万トンを超えるスーパーギガファームが各地に建設される可能性もある。こうした直営牧場では、オーストラリアやニュージーランドから優良な乳牛

写真３　大規模直営牧場の様子

出所：筆者撮影。

や精液が輸入されている。また、欧米などから飼養管理技術や飼料配合に関する技術などが移植されている。さらに、育種改良や受精卵移植など、従来の中国酪農では用いられてこなかった最先端の技術を駆使した酪農生産が行われている。こうした大規模牧場では高泌乳能力を持つ純粋のホルスタインが飼養されており、乳牛の能力に応じた飼料設計、飼養管理が求められている（矢坂 ２００８）。加えて、中国の経済発展とともに、経済的豊かさを手に入れた消費者の健康志向のニーズに対応するために、有機飼料のみを乳牛に給与したオーガニックミルクなど付加価値のある乳製品の開発・生産も行っている。

4　メラミン混入事件以降の内モンゴル酪農生産

(1)　大手乳業メーカーの生産管理体制

２００８年の6月以降、三鹿集団製の粉ミルクを飲んだ乳児14人が腎臓結石になり、その原因がメラミン混入であることが明らかになった。その後、蒙牛集団、光明集団、伊利集団といった中国を代表する乳業メーカーの牛乳および乳製品からもメラミンが検出され、乳業メーカーの品質管理の甘さが浮き彫りとなった。この事件は、中国国内で食の安全に対する不安が騒がれるだけでなく、中国製品に対する国内外の消費者の信頼を大きく損なう事件となった。

メラミン事件発生の背景には、中国の酪農生産における独自の集荷システムが一因として挙げられる。日本の酪農経営では、各自がそれぞれの搾乳機械を持ち、自身の施設で搾乳を行っている。しかし、中国の零細農家の多くは自身の搾乳施設を持っていない。零細農家は、企業もしくは個人が村に建設した搾乳ステーションに乳牛を移動させ、そこで搾乳を行うのが通例である。乳業メーカーにとっては、零細農家まで行き生乳を搾乳し買い取るよりも、搾乳ステーションで生乳の集荷を行い、品質管理と衛生管理をクリアした生乳を買い取った方が効率的である。一方で、零細農家にとっては、搾乳施設を整備するための費用負担が節約できる。メラミン事件以降、牛乳・乳製品の安全性やリスクに対する関心が高まっており、国内消費者は、国産ミルクを買い控える一方、輸入ミルクの購入や海外から個人輸入する傾向が顕著に強くなっている（長命２０１７）[3]。

この事件をきっかけに、中国では、大手乳業メーカーの直営牧場が拡大し、海外から優良な乳用牛や精液の輸入、合作社設立による飼料基盤の拡大など、多様なステークホルダーが有機的連携を図りクラスターを形成しながら規模拡大を図る方向への転換が強まったといえる。大手乳業メーカーが直営牧場を持つことの理由として、政府による牧畜業の産業化政策のほか、原乳確保の不安定性、農家からの集乳には品質・衛生面での問題があること、急速な需要拡大への対応の容易さが挙げられる（北倉・孔２００７）。

（2）大手乳業メーカーによる酪農生産におけるクラスター展開

以下では、中国最大手の乳業メーカーである蒙牛を事例として、その取り組み実態について述べていくこととしよう。中国蒙牛乳業の本社工場は、中心市街地であるフフホト市内から車で1時間ほどのところに位置している。蒙牛は、以前伊利の副社長を務めていた牛根生氏が、１９９９年に社員7人を引き連れて独立し、立

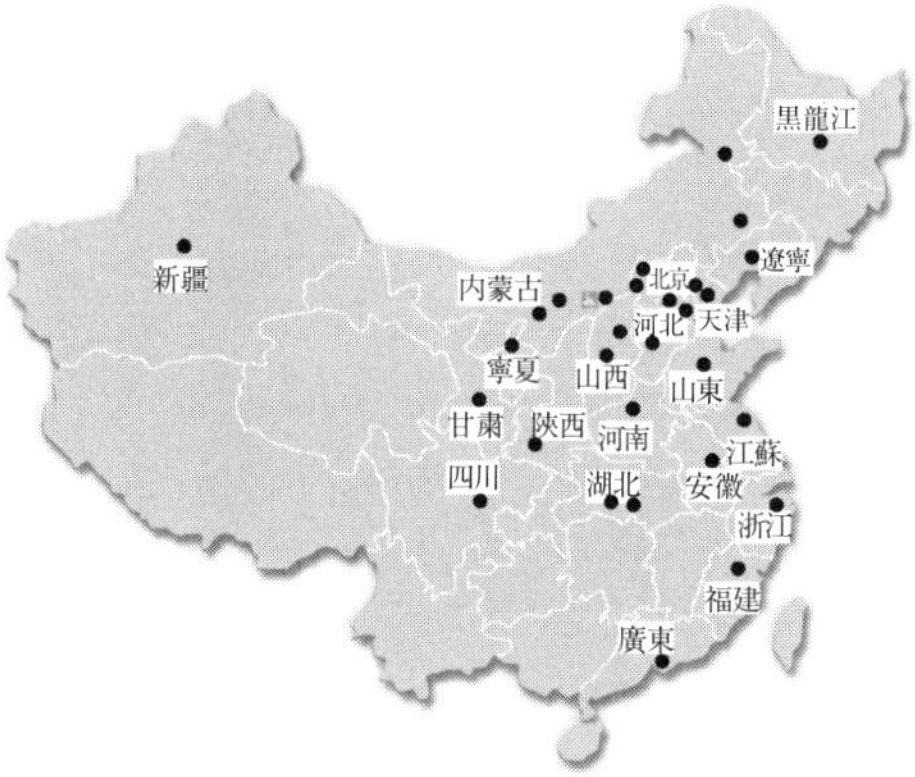

図2　中国国内における蒙牛の直営牧場の分布図
出所：蒙牛ウェブサイト（http://www.mengniuir.com/c/about_map.php）をもとに、筆者作成。

ち上げた会社である。2019年に20周年を迎え、フフホトを中心とし、牧草地や直営牧場の建設の推進を図り、乳製品の生産と販売の促進、品質検査とトレーサビリティの充実、生産に携わる農民や牧民の所得向上を図っている、今後は特に、電子商取引に注力し、1次産業から2次産業、3次産業、川上から川下に至る酪農産業クラスターの大規模展開を試みている。

蒙牛では、2000年以降、「生態移民政策」や「退耕還林・還草政策」等の貧困対策や環境保全対策などの実施や「酪農ブーム」が起こっていた時は、生乳集荷不足の問題を抱え、先に示したような近隣の酪農家や牧場園区（養殖小区）からの生乳集荷を行っていたが、メラミン事件を契機に、「零細農家・巨大乳業」から「大規模農家・巨大乳業」への転換を図るようになった。

図2は、2013年9月時点における蒙牛の直営牧場の分布図である。内モンゴル以外の北東部や沿岸部を中心に直営牧場を有しており、全国規模での展開が図られている。そうした直営牧場では、欧米などからの飼養管理技術やTMR（完全混合飼料）などの飼料配合技術などが導入されている。国内で調達されているのは、トウモロコシが主であり、多くの飼料は海外から輸入されている。

また、搾乳作業などの飼養管理や繁殖管理などに関する新しい技術も海外から導入されている。写真4は蒙牛の直営牧場での搾乳風景であるが、海外からのミルキングパーラーや搾乳ロボットが導入されている。ここでは、搾乳する乳牛が畜舎より移動してそのままミルキングパーラーで搾乳される。搾乳後は係員が乳頭や器具の洗浄を行うが、その他の行動に関しては、従業員が関与することはほとんどない。また、メラミン事件以降、管理体制が厳格となり、牧場内には、日ごとの乳量や体細胞数などの情報が表示され、品質管理の徹底が図られるようになっている。

こうした牧場で集荷された生乳は、蒙牛の生乳工場で製品化される。例えば、蒙牛のフフホト本社工場では、乳製品の製造の自動化が進められている（写真5）。工場内では、生乳製品の製造の機械化が進んでおり、人間は見回りや点検以外ほとんど見られない。ほとんどの工程が自動化されており、異物などの混入リスクへの対応を図っている。

これら大手乳業メーカーにおける酪農生産に係るクラスターの展開を模式的に示したのが図3である。ここで示されているように大手乳業メーカーによる酪農生産は、乳業メーカーの支配のもと、乳牛の生産基地である直営牧場や飼料基地が存在し、その他濃厚飼料や精液、搾乳作業など飼養管理に係る技術など新しい技術は海外からの輸入に依存している。

なお、畜産におけるクラスターは「畜産農家と地域の畜産関係者がクラスター（ぶどうの房）のように、一体的に結集することで、畜産の収益性を地域全体で向上させるための取り組み」と農林水産省（２０１５）で定義されており、畜産の生産地域全体での取り組みが主な範囲となっている。また、長命ら（２０１９）では、ＩＴ企業との共同研究や開発など、垂直的な連携も広義の意味でのクラスターとしている。本章で取り上げた大手乳業メーカーの事例は、飼養管理技術や飼料など不足している資源は外部から導入・移植を図りつつも、

写真４　ミルキングパーラーによる搾乳風景

出所：筆者撮影。

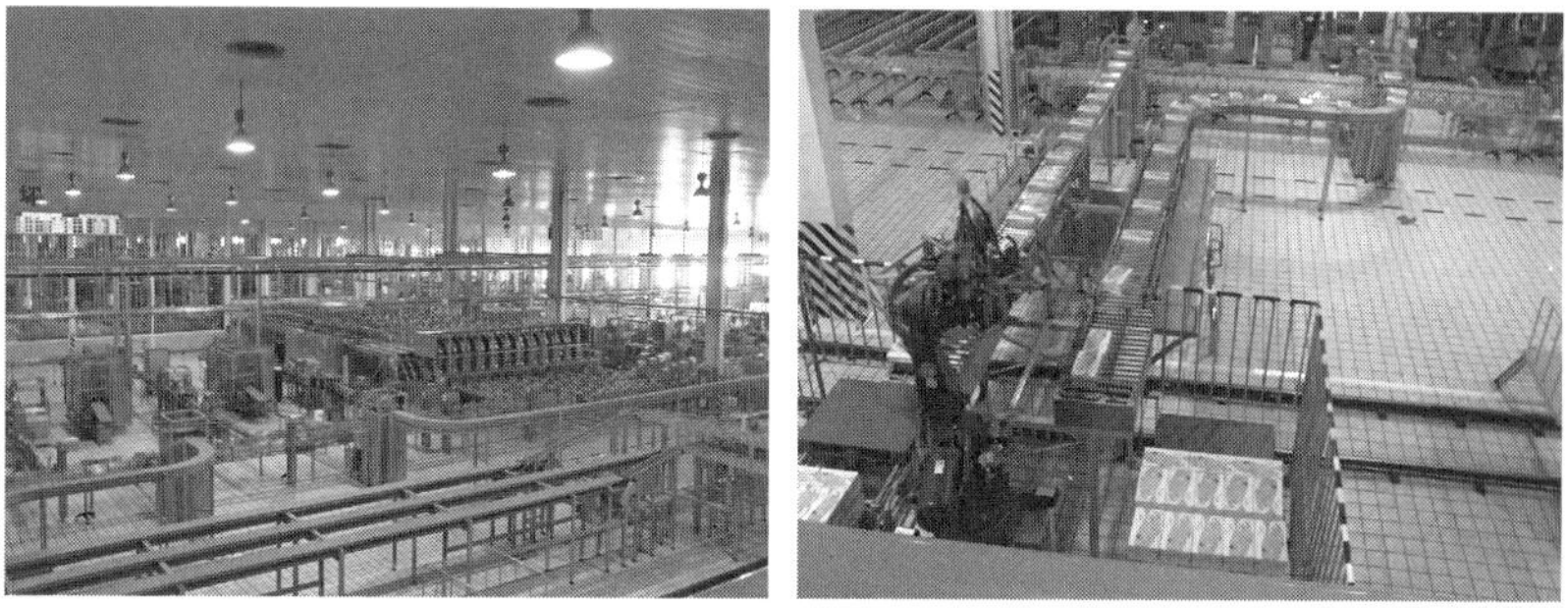

写真５　蒙牛の本社工場での乳製品製造の様子

出所：筆者撮影。

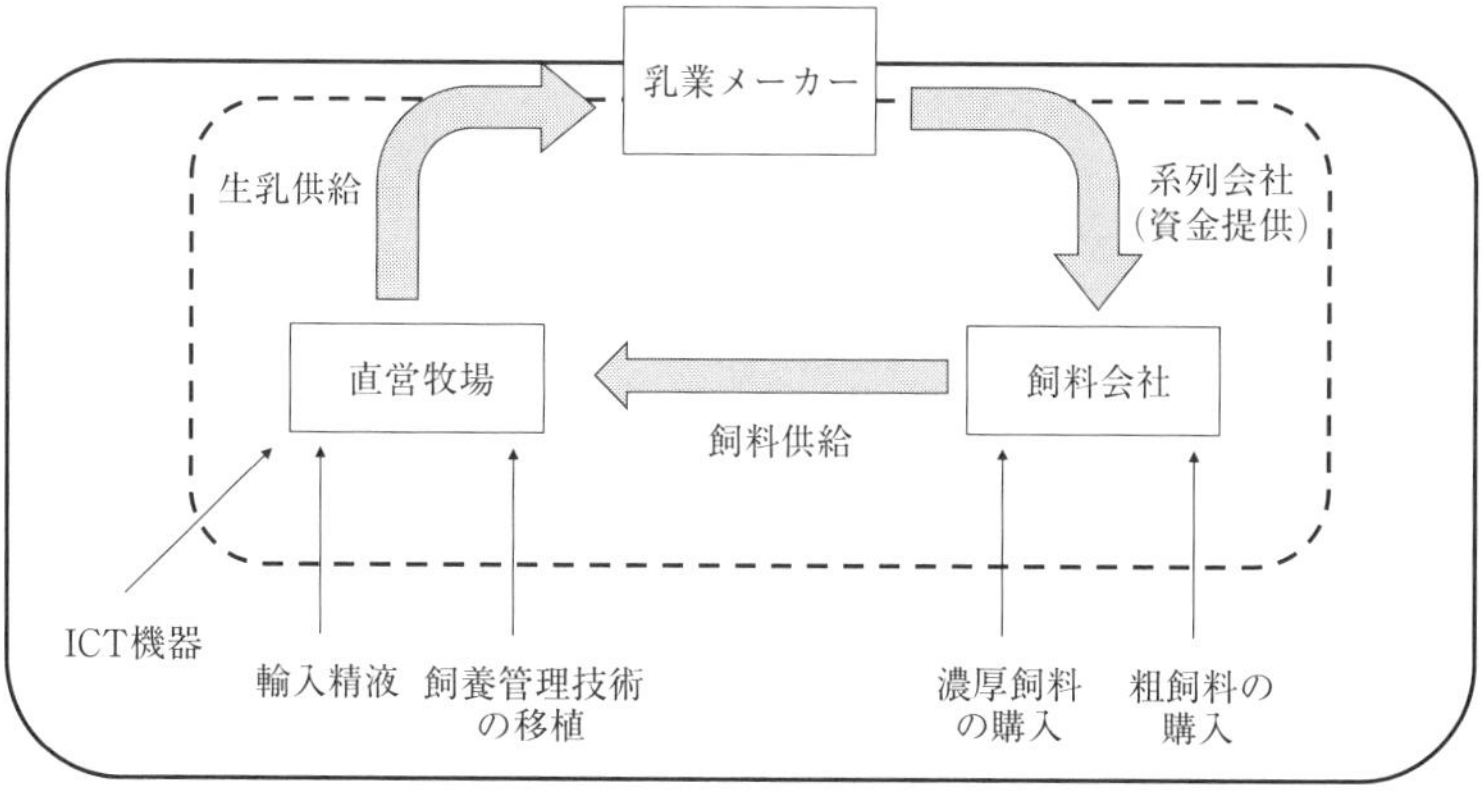

図３　大手乳業メーカーにおける酪農クラスター

資料：聞き取り調査より筆者作成。

注：点線は、国内でのクラスター関係を、実線は海外とのクラスター関係を示している。

乳業メーカーが飼料生産や家畜飼養から流通・消費に至る水平的な連携を図ることで、川上から川下までの事業連携を展開しているクラスターといえる。

5 今後の内モンゴル酪農生産が抱える課題

本章では中国内モンゴルにおける酪農生産およびクラスター形成の展開について述べてきた。2008年9月に起こったメラミン事件は、乳量の増大・短期的な利益を求め、急速に成長した中国酪農の負の側面が表面化された事件であるといえる。中国の酪農生産は、著しい経済成長、乳製品消費の増大に応えるべく生乳生産量の拡大と品質の向上といった2つの問題に対応していかなければならない。今後は、原料乳の品質安全管理を徹底させる施策とともに、酪農生産管理および経営組織のあり方がますます重要になってくるであろう。

そうしたなか、今後の内モンゴル酪農生産に関しては、以下の3点が課題として考えられる。第一に、良質な飼料の生産・確保を行っていくことである。乳牛飼養頭数や牛乳生産量の目標計画を達成するためには、良質な飼料生産・確保および給与が必要である。今後、ますます、海外からの輸入精液に依存し泌乳能力の高い乳牛を育成していく場合、高栄養価の飼料が必要となる。輸入飼料は国際価格に左右される側面があるため、安定供給を求めるのであれば、牧場近隣に飼料基地を確保することが重要と考えられる。そのためには近隣の農家と協力し飼料供給のクラスターを形成することが重要になってこよう。

次いで、環境問題に関する問題である。今後、集約的な直営牧場の建設が進み、メガファーム、ギガファーム以上の規模の牧場が設立されていくと、必ずふん尿の処理問題に直面するであろう。牧場内に浄化処理施設を持つことも考えられるが、現状としてはコストなど様々な問題が生じているため、自社努力によるふん尿処理のみならず、政府からの支援も重要となってこよう。その他、近隣の飼料生産農家と有機的連携を図り、ふん尿を有効活用してもらう仕組みづくりも重要になると考える。

第3に、大手乳業メーカーによる大規模直営牧場におけるリスク管理である。直営牧場における大規模集約的な飼養管理は、生産コストの低減を有する一方で、家畜の感染症などの疾病リスクが高まるといえる。例えば、日常の飼養管理で発生する乳房炎や下痢など家畜の生産性の低下をもたらすものなどは、被害自体は小さいものといえる。その一方で、口蹄疫など国境を越えて容易に蔓延する感染症が発症した場合、家畜の殺処分や牧場の閉鎖など巨大な経済的被害をもたらすこととなる。大規模化が進む現状においては、家畜の個体管理のみならず牧場内での衛生状態を適切に管理することが求められ、感染症を制御あるいは予防するための飼養管理体制・技術の向上がますます重要となってくるであろう。

以上、今後の内モンゴル酪農生産における課題について述べてきたが、これらの課題への対応において最も重要なのが乳業メーカーにおける経営倫理である。2008年に発生したメラミン事件は大手乳業メーカーの杜撰な管理体制および隠ぺい体質が引き起こした問題である。今後、蒙牛や伊利などの大手乳業メーカーが「直営牧場・巨大乳業メーカー」への展開が加速していくと、乳業メーカーの市場影響力はますます強くなるであろう。乳業メーカーが過度に利益を追求することや、杜撰な品質管理体制が横行した場合、メラミン事件のような国土を揺るがす大事件が再び起こる可能性も否定できない。乳業メーカーの倫理ある経営により、メラミン事件のような悲劇が起こらないことを望む。

【謝辞】本章は、科研基盤研究（課題番号：18K05870、研究代表　長命洋佑）、（課題番号：17H03877、研究代表　小田滋晃）（課

題番号：JP19H00960、研究代表 南石晃明）の研究成果に基づく。

注

（１）これらの層には、「生態移民」政策により、酪農生産を始めた農家も含まれる。「生態移民」は、生態環境が悪化している地域の人々を移民村へ移民させ、乳牛飼養を行わせるのと同時に、酪農業の発展を試みるなど、経済発展と環境保護の両立を目指した施策である。「生態移民」政策による酪農生産の現状に関しては、長命・呉（２０１２）を参照のこと。

（２）乳業メーカーが建設した牧場園区における酪農生産に関しては、長命・呉（２０１０）を参照のこと。

（３）徐ら（２０１０）は、メラミン事件前後の２００８年7月と9月に牛乳の安全性に対する意識調査を行っており、「かなり安全である」「やや安全性がある」と回答した消費者はそれぞれ、30％から1％、48％から20％へと大幅に減少したと指摘している。また、長命（２０１７）は、２０１６年10月に内モンゴルの大学生および大学院生に行った消費意識調査の結果では、牛乳購入に対する意識として、６割以上の学生で「やや不安である・かなり不安である」と回答しており、依然として牛乳消費に対する不信感が高いこと、また、牛乳生産の段階において、何らかのリスクが発生する可能性を意識して、牛乳の購入・消費を行っていることを明らかにしている。詳細は、徐ら（２０１０）および長命（２０１７）を参照のこと。

引用文献

長命洋佑・呉 金虎（２０１０）「中国内モンゴル自治区における私企業リンケージ（ＰＥＬ）型酪農の現状と課題——フフホト市の乳業メーカーと酪農家を事例として」『農林業問題研究』46（１）１４１～１４７頁。

長命洋佑・呉 金虎（２０１２）「中国内モンゴル自治区における生態移民農家の実態と課題」『農業経営研究』50（１）、１０６～１１１頁。

長命洋佑・南石晃明（２０１５）「酪農生産の現状とリスク対応——内モンゴルにおけるメラミン事件を事例に」南石晃明・宋敏 編著『中国における農業環境・食料リスクと安全確保』花書院、76～１０１頁。

長命洋佑（２０１７）『酪農経営の変化と食料・環境政策――中国内モンゴル自治区を対象として』養賢堂、２０１頁。
長命洋佑・南石晃明（２０１９）「畜産経営におけるＩＣＴ活用の取り組みとクラスター形成」『農業と経済』85（３）、１３５～１４５頁。
達古拉（２０１４）「内モンゴルにおける乳製品に関する主要な安全問題と原因分析」『ＧＬＯＣＯＬブックレット』16、65～79頁。
長谷川敦・谷口 清・石丸雄一郎（２００７）「急速に発展する中国の酪農・乳業」『畜産の情報　海外編』２０９、73～１１６頁。
長谷川敦・谷口 清（２０１０）「中国の酪農・乳業の概要」独立行政法人農畜産業新興機構 編『中国の酪農と牛乳・乳製品市場』農林統計協会、1～31頁。
北倉公彦・孔 麗（２００７）「中国における酪農・乳業の現状とその振興」『北海学園大学経済論集』54（4）、31～50頁。
北倉公彦・大久保正彦・孔 麗（２００９）「北海道の酪農技術の中国への移転可能性」『開発論集』83、13～58頁。
農林水産省（２０１５）『酪農及び肉用牛生産の近代化を図るための基本方針――用語集』http://www.maff.go.jp/j/chikusan/kikaku/lin/l_hosin/pdf/rakuniku_yougosyu.pdf（２０１９年11月１日参照）
矢坂雅充（２００８）「中国、内モンゴル酪農素描――酪農バブルと酪農生産の担い手の変容」『畜産の情報』２３０、64～84頁。
徐 芸・南石晃明・周 慧・曾 寅初（２０１０）「中国における粉ミルク問題の影響と中国政府の対応」『九州大学大学院農学研究院学芸雑誌』65（1）、13～21頁。

第13章

連帯経済とソーシャルメディア
——フランスの農業

戸川　律子

本章のキーワード ▼▼▼ ソーシャルメディア／地産地消／AMAP／アソシアシオン／RQDO／RUCHE／連帯経済

1　フランスの連帯経済

２０１０年、「フランス農業近代化法（Loi n° 2010-874 du 27 juillet 2010 de modernisation de l'agriculture et de la pêche）」が制定された。同法第一条において、「全国食品プログラム（Programme national pour l'alimentation）」の方針が定められ（表1）、３年ごとに当該分野での活動を国会報告することを規定した。フランスは、これまでその時々の情勢に応じて食品についての法律が規定されてきたが、これを契機として、国を挙げての〈食〉に関する横断的公共政策を開始したといえよう[1]。

本章は、同プログラムに関連する２０１４年以降のフランスの公共政策およびその動向を探るとともに、ソーシャルメディアのプラットフォーム「ラ・ルッシュ・キディ・ウイ！（La Ruche qui dit Oui! 以下、ＲＱＤＯ）」を事例として分析し、フランス農業における連帯経済の論理について検討する[2]。

1 全国食品プログラムに関連する公共政策およびその動向

２０１２年に社会党政権に交代したフランスは、２０１４年７月31日「社会連帯経済関連法（Loi n°2014-856 du 31 juillet 2014 relative à l'économie sociale et solidaire）」の成立後、同年10月13日に「農業、食料及び森林の将来のための法律（Loi n°2014-1170 du 13 octobre 2014 d'avenir pour l'agriculture, l'alimentation et la forêt）（以下、フランス新農業基本法）」を制定した。それに伴い、環境および社会への配慮がサルコジ政権下よりも前面的に押し出されるようになり、現代資本主義の問題への対処ないしはその乗り越えの精神を持つ社会経済あるいは連帯経済によって、エコロジーとエコノミーの両立を可能としたパフォーマンスの良い農業を目指すことになる。さらに、社会党政権下では地方制度改革が開始され、メトロポールという新しい自治体の地位が創設されるとともに、フランスの領土は２０１６年１月に22の地域から一部名称の変更を伴う18の地域に再編成された。そして、同法第39条では「地域（領土）食プロジェクト（ＰＡＴ）」が承認され、地域の食料と農業を再配置することが重要課題とされた。地域のアクター主導の連帯による有用的な食料開発と地域の社会、環境、経済および健康の問題に対する戦略的かつ経営的枠組みの構築を目標としている。

それに加え、２０１５年９月の首脳会議で採択されたＳＤＧｓにおいて、２０３０年までに食品廃棄半減等の目標が掲げられた。それを受けフランスは、世界の先駆者として、２０１６年２月11日「食品廃棄禁止法（Loi n°2016-138 du 11 février 2016 relative à la lutte contre le gaspillage alimentaire）」を制定した。フランスでは毎年、生産される食品のほぼ20％（１人あたり平均１５０kg／年間）が廃棄されている。ところが、フランス環境エネ

表1　全国食品プログラム（PNA）11方針

1	特に貧困層に適切な量と品質の注意を払いつつ、すべての人々に食料安全保障へのアクセス確保
2	農産物および食品の安全性の確保
3	ヒトまたは動物によって消費される動植物の保健衛生
4	食農教育、味覚教育、栄養教育の実施および食品情報の公開
5	食品関連企業者の正確かつ適切な情報提示
6	農産物の品質の確保
7	環境を尊重した生産と流通、廃棄物の削減
8	テロワール産品の尊重
9	地理的乖離の少ない流通経路の開発
10	公共施設および民間施設における団体食への地元の農産物供給
11	フランスの食品及び料理の文化遺産化の促進

出所：Loi n° 2010-874 du 27 juileet 2010 de modernisation de I' agriculture et de la pêcheより筆者作成。

ルギー管理庁（ADEME）の報告によれば、２００８年の経済危機以降生活水準が低迷するなか、２０１７年には５５０万人が食料援助を受け、８００万人は経済的な理由で食料が不安定な状態にあった。その合計はフランス国民の約20％を占める。フランス政府は、毎年国民の平均収入を計算しその60％以下を援助対象とする。２０１７年の一か月平均収入は２１００ユーロ（約27万）であり、[3] 20％がその半分以下の収入しかなかった。[4]

食品廃棄物を２０２５年までに半分の量に削減することが決定した。食品ロスを減少させる具体的な案として、４００m^2以上のスーパーマーケットは売れ残り商品の廃棄を防ぐために、食料援助協会とパートナーシップ協定を結ぶことが義務付けられた。たとえば、食料援助協会の一つであるホップホップフードは、ビオ・コープやナチュラリア、オーシャンなどとパートナーシップを結んでいる。[5] また、ホップホップフードは個人間の食品寄付を可能にするため、個人の食べない食品の写真を投稿し、それを必要としている人が受け取るアプリケーションを開発した。市民連帯をロゴマークに表現し、市民自らによる廃棄物削減を目指している（図１）。

２０１７年、共和国前進を掲げるマクロン政権に交代後、同

図１　個人の食品寄付アプリ
出所：HOP HOP food ホームページ。

図２　受賞ＰＡＴプロジェクトに添付
出所：Agriculture. go. fr「constractive votte project olimentaire territorial」。

年7月から12月まで食品国民会議（Egalim）が開催され、エドゥアール・フィリップ首相は、そこで食品廃棄物の問題を企業の社会的および環境的責任に統合することを表明し、食品ロスになる前に食品企業の寄付を集団給食に利用する方向を求めた。同国民会議の討議を受け、２０１８年10月30日、フランスにおいて「農業食品部門における商取引関係の均衡と、安全で持続的で、すべての人々にアクセス可能な食品のための法律（Loi n°2018-938 du 30 octobre 2018 pour l'équilibre des relations commerciales dans le secteur agricole et alimentaire et une alimentation saine, durable et accessible à tous)（以下、新農業食品法）」が制定された。同法は、農業食品部門における付加価値の公正な分配、生産者に公正な価格の支払い、そして持続的な農業を可能にすることを課題とした。と同時に、環境と社会の調和的発を目指している。

　これらの影響を受けた全国食品プログラムは、２０１４年以降、（１）公平な社会、（２）若者への食育、（３）廃棄物の減少、（４）地域（領土）の定着と食品の文化遺産化、以上４つの軸を中心として、同プログラムに対する市民の興味および関心を喚起し市民の連帯を促進するために、毎年全国にプロジェクトを募り、その遂行を目的に経済的な支援をしている。とくにＰＡＴに関するプロジェクトについては、フランス政府によって〈地産地消〉が「生産と消費の間が直結している、あるいは、仲介業者がいる場合においても1業者のみ」と定義されていることから、最も短い流通経路の開発を奨励するとともに、生産者と地域、そして消費者の連帯を可能にする重要な概念の一つとなっている。

2 ラ・ルッシュ・キディ・ウイ！（La Ruche qui dit Oui!）

ＲＱＤＯは〈地産地消〉の支援を目的に、生産者と消費者とを結ぶ仲介業者の一つである。フランスでは、〈地産地消〉を実践する消費者の間でよく利用されているのは、アマップ（Associations pour le Maintien de l' Agriculture Paysanne 以下、ＡＭＡＰ）という非営利協会である。フランスには、利潤そのものを目的としない協同組合および協会（アソシアシオン）、共済組合を中心とする社会的経済（Economie Sociale）の伝統、つまり非資本主義的経済活動がある。それを引き継ぎ、２００１年に南仏で発足したＡＭＡＰは、生産者とその周辺に住む消費者が直接契約を結ぶ提携システムで成り立つ。両者はあらかじめ購買契約を交わし、消費者は生産者に半年分の代金を前払いする。生産者は旬の農産物を定期的にＡＭＡＰの主催する場所に届ける。〈地産地消〉の支援、その担い手である農業経営体に安定した収入を保証することを目的とする。

一方、ＲＱＤＯは営利企業である。その特徴は、〈地産地消〉の支援とインターネット・サービスの利便性とを結びつけたところにある。その成長は著しく、スタートアップ企業として注目され、主催者数はまだ及ばないものの、会員数はＡＭＡＰに接近する。ＲＱＤＯが支持される理由は何であろうか。ＲＱＤＯの歴史とシステムを分析し(5)、フランスの公共政策の動向から背景にあるフランス社会の問題を踏まえ検討する。ちなみに「ＬＡ ＲＵＣＨＥ」とは養蜂箱を意味するフランス語である（図３）。

LA RUCHE QUI DIT OUI !

LA RUCHE QUI DIT OUI !

図３　色や配置が規定されているロゴマーク
出所：la Ruche qui dit oui「The Food Assembly Identity & style Guide」。

（1）歴史

工業デザイナーのギレム・シェロン（Guilhem CHÉRON）は、ムニール・マジュビ（Mounir MAHJOUBI）、そして、マーク＝ダビッド・シュークルーン（Marc-David CHOUKROUN）と共同オフィスであるインキュベーターで知り合い、EQUANUM SAS（別名：ＲＵＣＨＥ－ＭＡＭＡ）という会社を２０１０年に設立した。その後、２０１１年９月にフランスのツールーズの郊外にあるフォガという町で、ＲＱＤＯのウェブサイト運営による会員制の産直販売を開始した。同年12月に、フランスのテレビ番組へ出演を依頼され、その放送後に24のＲＵＣＨＥが誕生した。翌年には１２０のＲＵＣＨＥが登録され、消費者のＲＱＤＯに対する高い関心が反映される結果となった。ギレムは「ＯＵＩ！」を設立し、そこで「目を閉じて噛むな」というコンセプトのメールマガジンの配信を開始した。ＲＱＤＯは、環境への負荷が少ない地域づくりを実現するためのフード・ネットワークシステムを生み出す企業として短期間で注目されるようになり、フランス政府から「成長過程にあるテクノロジー＆イノベーション企業」と「社会連帯企業」という両面をもつハイブリッド性が評価され、スタートアップ賞を授与する。これを契機として、ＲＱＤＯはスタートアップ企業としてフランスポスト銀行の子会社（XANGE PRIVATE EQUITY）とSIPAREX企業のイノベーション支援金（合計１５０万ユーロ）の調達に成功し、企業継続のための技術的ツールの開発、人材の雇用を促進する。

２０１３年から２０１４年にかけてＲＱＤＯは大きく進展する。ＲＱＤＯは地域の連帯経済と雇用を促進するためにムーヴ（MOUVES）に登録した。ムーヴはフランスで７５０以上のメンバーをもつ社会アントレプレナー運動のアソシアシオンである。また同じく世界規模のネットワークをもつ社会アントレプレナーのアショカにも登録した。そして、パリ市の推薦を受けてシェアリング・エコノミーの祭典（OuiShare Fest）に参加し、福祉サービス部門でイノベーション大賞を受賞する。この祭典は、〝新しい市民参加型の社会経済および政治システムをつくること〟を目的にオーガナイズされている。世界の社会アントレプレナーとのつながりをもつことで、RUCHE-MAMAの従業員は25名に増加し、250のRUCHEをもつまでに成長した。

2014年、規模を拡大したRQDOは、ウェブサイトのリニューアルを目的にパリ市にある複数の銀行とイル・ド・フランスの補助金等から150万ユーロを借入れた。リニューアルの目的は、一つはRUCHEの主催者のためである。主催者が地元の持続可能な農業を理解し、推進するためのトレーニング用サイトを開設することである。あと一つは生産者のためである。すでにこの時点で2500人の契約生産者がRQDOに登録されていた。質の高い安全な地元の生産物を消費者に提供する企業となるために、農産物規格の取り決め、食品ラベルの添付有無や持続可能な衛生環境および製造とその方法をウェブ上で確認できるようにすることであった。その後、フランスのテレビ番組、M6およびフランス5（ルポルタージュ）で放送され、さらにRQDOの社会的有用性が多くの人に認識されるようになる。そして、RQDOは、2014年に成立した社会連帯経済関連法下に認可され社会的責任企業（ESUS）となり、税金優遇の対象企業となる。2015年、共同経営者マーク＝ダビッド・シュークルーンがテレコム・パリのイノベーション賞を受賞し、投資ファンドから1600万ユーロの資金を調達した。2016年にはRUCHEの数は千を超え、13万5千人以上の会員、契約生産者は5千人の登録数となる。

2017年以降、RQDOはパートナーシップを重要視し新たな方向性を見出す。フランス国鉄（SNCF）とのパートナーシップに成功する。ヴェルサイユ駅にRUCHE第1号が誕生し、2019年には70か所の駅にＲＵＣＨＥができている。またクラウドファンディングのキスキスバンクとパートナーシップ契約をし、生産者の新たなプロジェクト等への支援を開始した。そして、イル＝ド＝フランス内でデリバリーサービスを展開していた「カウンターローカル（le Comptoir Local）」とパートナーシップを結び、パリ市を中心に会員からの注文を自宅まで配達するデリバリー事業を開始する。カウンターローカルは「La Ruche qui dit Oui! à la maison」に社名を変更した。60ユーロ以上の金額に達すると配達料は無料になる。そして現在は、デリバリー事業を自宅だけでなく、オフィスにも届ける計画が開始されている。

海外展開はヨーロッパを中心に、２０１３年にベルギー、２０１４年にイタリア、スペイン、ドイツ、２０１６年にデンマーク、オランダ、スイスに広がっている。２０１９年現在、１５００のＲＵＣＨＥがヨーロッパを中心に展開され、契約生産者数は1万人、21万人の会員を有するまでに成長し、ブログ訪問者は月25万人、34万人のFacebookのファンを有する。

(2) システム

ＲＱＤＯのシステムは、本部であるＲＵＣＨＥ-ＭＡＭＡとその開発したウェブサイトを利用した①会員（消費者）、②契約生産者、③ＲＵＣＨＥ（代理店）およびその主催者（女王バチ）、の3つを柱として成り立っている。ウェブサイトの技術サービスは毎日午前7時から午後10時までサポートされている。ＲＱＤＯでは、「地元産」の範囲は最大で２５０km圏内で生産されたものと定義されている。現在の生産場とＲＵＣＨＥとの平均距離は43kmである。

①会員（消費者）は、まずＲＱＤＯに無料で登録をし会員となる。会員は、注文した商品を受け取りたい場所にあるＲＵＣＨＥを選択する。選択したＲＵＣＨＥのウェブサイトのオンライン・カタログから商品を選び、

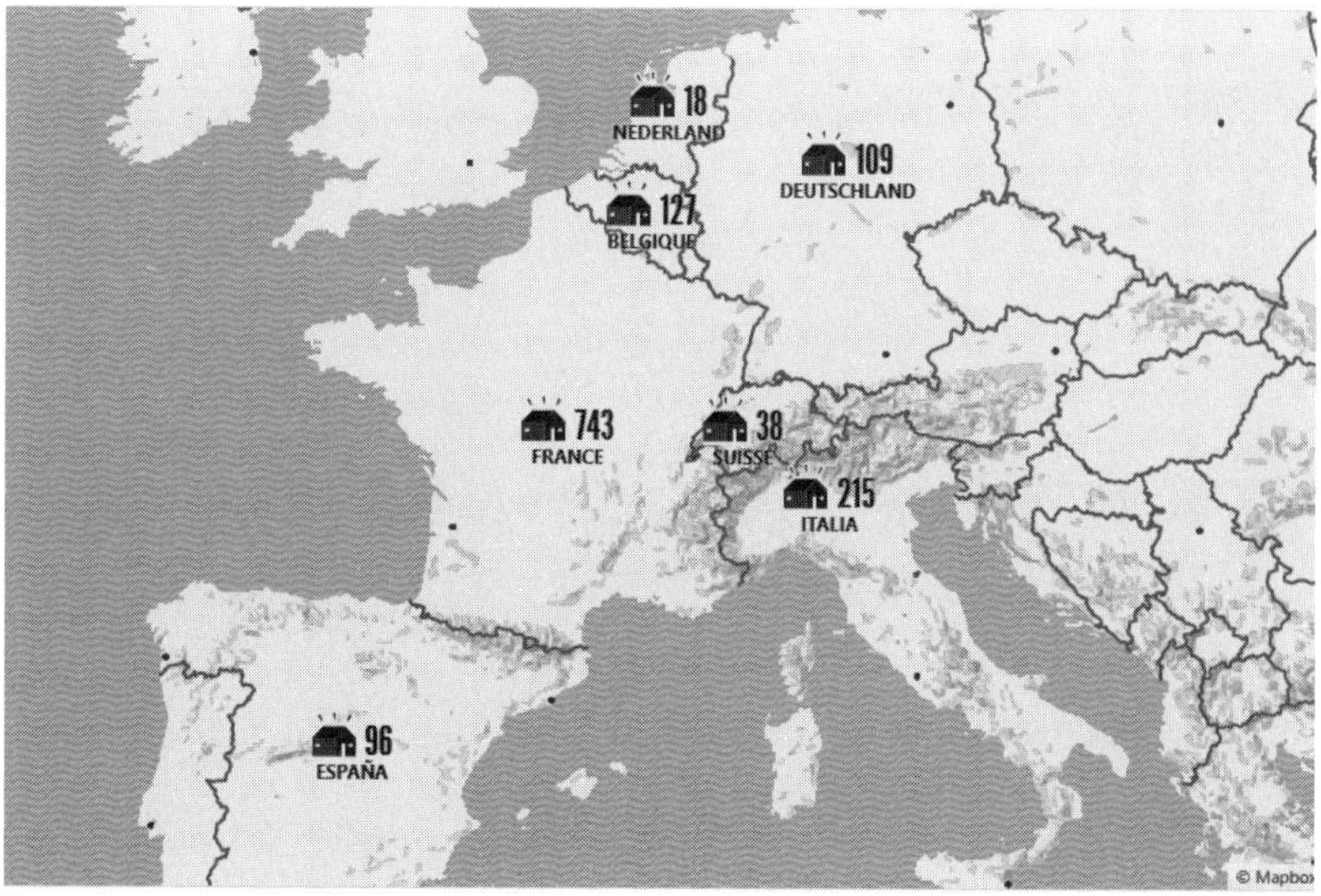

図4　ＲＵＣＨＥの展開
出所：La Ruche qui dit Oui! ウェブサイト。

週に一度ＲＵＣＨＥの指定する日時に注文した商品を取りにいく。会員はつねに同じ代理店を選ぶ必要はなく、自宅の近く、仕事場の近く、あるいは外出先など、都合のよいＲＵＣＨＥをその都度選ぶことができる。最小注文数に達しない商品の配達はされない。会員の3分の2は個人で、3分の1が企業や協会、団体、クラブなどに所属する仲間から構成されたグループである。

②契約生産者は、２５０㎞範囲にあるＲＵＣＨＥの主催者によって選択され、複数のＲＵＣＨＥとの契約が可能である。果物、野菜、肉、チーズ、乳製品、パン、ワイン、蜂蜜、シャンプー、コスメ商品などを提供する。契約生産者はＲＵＣＨＥの主催者に（8・35％）＋税金、本部には（11・65％）＋税金、併せて20％を支払い（ただし宅配は40％）、販売価格の80％の利益を得ることができる。(7) 得た利益は販売後2週間前後に直接口座に振り込まれる。農業者を守るという同じコンセプトを掲げていても、すべてを事前に買い上げるシステムをもつＡＭＡＰとの大きく違う点である。契約

表２　RUCHE の数と主催者の利益の推移

年	RUCHE 数	RUCHE の総利益（€）	利益 /RUCHE（€）
2011	21	63 680	3 032（252.66）
2012	164	221 550	1 350（112.50）
2013	315	743 974	2 361（196.75）
2014	627	1 353 935	2 159（179.91）

出所：2019 年報告書　La Ruche qui dit Oui! ―― QUI SOMMES-NOUS ? より筆者作成。
注：利益 /RUCHE（　）は月平均。

生産者は生活保障のための価格設定と最低注文数の決定権をゆだねられており、さらにはその価格を支持できる最低の数量に達しなかった場合においても、配達を取りやめることができる。しかし、その場合は、購入金額を会員に返済する必要がある。

③ＲＵＣＨＥは注文した商品を受け取る場所である。主催者は女王バチと呼ばれ、最も重要な役割を担う。基本的には誰もが主催者になれるが、申請後には、その役割に適任であるかどうか、ＲＱＤＯの従業員の面接を経て、主催者になることができる。それはＲＱＤＯのコンセプトを理解し、かつ会員の求めている生産物を見つけ、その生産者と円滑なコミュニケーションをとる必要がある。また会員とは、ソーシャルメディアと商品を渡す場、つまりアウトメディアとの両方において円滑なコミュニケーションを実現させなければならない。

自らが場所を決めて代理店としてＲＵＣＨＥを主催する。週に10～14時間程度の労働が必要となる。設置場所の規定はないが、どこに代理店を置くかは会員の「利便性の要求」に応えるうえでも重要なポイントとなる。ＲＵＣＨＥの主催者は80％が女性、70％が30～50歳、78％が子どもを持ち、そして、67％が他に仕事を持つサイドワーカーである。彼女たちの約99％が食べ物の品質にこだわり、社会とのつながりを大切に考えており、95％が農業を支えることや環境保護に興味を持っている。そしてインターネッ

第Ⅲ部

トの利用によるコミュニケーションを「学ぶ」機会が得られたことに満足している。すなわち、主催者はRQDOのコンセプトに賛同し、自らが積極的に代理店を開いているということである。

4 ソーシャルメディアとコミュニティ

以上、RQDOの歴史を概観し、そのシステムを分析した。RQDOは地元の産地直結システムでありながら、インターネット・サービスシステムを利用したことが最大の特徴とされる。スタートアップ企業のビジネスモデルの一つである。

契約生産者の観点からみると、RQDOは生産者自らがホームページをつくるなどの費用や手間をかける必要がなく、すでに用意されたツールに商品情報や特徴などを入力するだけで、これまでに知り合うことのなかった顧客にめぐりあえる。さらに、ウェブサイトで事前に発注されるため必要な数量が把握できる。最低販売数量を支持できるため、販売数と配送とのバランスを考えることができ、廃棄を減らすことも可能である。そして、販売価格の決定権は生産者にあり、その80％が利益となる。ただし、支払いは後払いのため、農業資金としては前もって利用はできない。また会員はRUCHEをその都度選ぶことができるため、同じ会員が決められたRUCHEで定期的な購入をするとは限らない。しかし生産者は他のRUCHEとも契約ができるため、配達ルートを考えながら契約先を増やしていくことも可能である。また複数のRUCHEと契約することは、主催されなくなるRUCHEもあり得るため、むしろ危険分担機能となる。

一方、消費者の観点からみると、携帯やパソコンを利用し、時間や場所にとらわれずに買い物ができ、また受け取り場所も自らの都合によりＲＵＣＨＥを選ぶことができる。この利便性は消費者にとって重要なポイントである。またその利便性に加えて、面倒な包装やマーケティングを除外し、多くの中間業者を省くことにより、生産物の新鮮さおよび安全性が保たれる上に、スーパーマーケットなどの小売業と大きく変わらない価格で購入できる。その上、持続可能な農業を支援し地元の環境を守ることに貢献できる。〈地産地消〉の支援を目的としている消費者の多くは、むしろその点を重視するため、ＲＱＤＯはＡＭＡＰと常に比較される。ＡＭＡＰはルールや思想的団結力が強く積極的な関わりを持つことに対し、ＲＱＤＯはソーシャルメディアを通じて必要なときにのみ利用することができ、つながりを浅く広くすることが可能である。また自分の気に入ったＲＵＣＨＥを決め顧客となり、生産者やＲＵＣＨＥの主催者とのつながりを深めることもできる。つまり、両者の会員は同じグリーンコンシューマーではあるものの、思想の表現法が異なるタイプだということができる。ＲＵＣＨＥは、忙しい現代社会の状況に応じ選択可能な個人志向性を重要視している。

最後に、ＲＵＣＨＥの主催者についてである。ＲＱＤＯのビジネスモデルとしての成功の鍵は、生産者と消費者を結びつけるこの媒体にある。主催者は会員が増えればそれに応じて経済効果があり、それが継続のモチベーションのように見える。しかし、表２に見られるように、決して主催者の収入は多いと言えない。それにもかかわらずＲＵＣＨＥを継続させるには、社会的連帯を支えるという優先的な使命感が主催者に必要となる。またソーシャルメディアでのコミュニケーションは欠かせないが、それとともに実際に商品の受け渡し場所が重要である。清潔さを保ち、生産者も消費者にも快適な空間にしなければならない。このアウトメディア空間は、通じ合える心理的付加価値を持つ。

分析の結果、ＲＱＤＯのインターネットの利用は利便性に集約したものではない。市民社会をつなげてボトムアップな社会を作るための装置として機能する。少しローカルで等身大のソーシャルメディアのユーザー自身がより近くにコミュニティ感を持ち、かつ自己実現が図れるというものをビジネスモデルとしたのである。そして、ＲＱＤＯの評価される点は、そのビジネスが持続可能な農業に貢献できる形で実現できるか、というところにフォーカスしたところにある。

フランス農業の連帯経済のイニシアチブは、社会的不平等や環境問題に対する戦いを目的としてコミュニティに貢献することを掲げる。つまり、ＲＱＤＯの課題は地域と国際的なレベルでの連帯領域を拡げることにある。

参考・引用文献

(1) 戸川律子（２０１５）「フランスの地産地消をめぐるダイナミクス」、『進化する「農企業」』（昭和堂）１０１頁〜１３１頁。

(2) ２０１４年以前は戸川（２０１５）を参照。

(3) ２０１７年の１ユーロ平均相場１３０円で換算。国税庁『平成28年分民間給与実態統計調査』によれば、１年を通じて勤務した給与所得者の総支給額平均年収が４２１万円であった。手取り収入月平均は約27万でフランスと同じ金額。

(4) ＩＮＳＥＥ https://www.insee.fr/　民間部門の従業員、および公営企業の助成契約および専門契約者を含むフルタイム男女の平均。男女差は約４５０ユーロ。

(5) ホップホップフード https://www.hophopfood.org/

(6) ２０１９年報告書　La Ruche qui dit Oui! – QUI SOMMES-NOUS ?

(7) ２０１４年以前は本部にも８・35％だった。

おわりに

本書は、「農企業」シリーズの最終巻として、農企業の経営戦略の最先端を明らかにしようとしたものである。特に、①先進的農業経営体とそれを取り巻く地域との関係、②先進的農業経営体による農業生産資源の維持・保全の取り組みを明らかにすることをねらったものである。私たちは、前シリーズ「農業経営の未来戦略」と「次世代型農業の針路」の2シリーズを刊行して以来、一貫して「農企業」に着目して研究を行ってきたが、本書では「農企業」が新たなステージへと変貌を遂げているその最先端の姿を示しておきたい。

2013年に『動きはじめた「農企業」』を刊行して以降、先進的な農業経営体数の急速な増加もあり、「農企業」という用語への理解も深まってきた。当初は、経営者の努力、経営体としての組織力、外部主体の支援など広範な面から、農企業の姿を浮き彫りにすることを課題にしてきたが、その射程範囲も次第に地域との関係や地域内での役割の解明など農企業と他の主体との関係性を解明することへと広がりを見せてきた。

特に、本書では、先進的農業経営体による農業生産資源の維持・保全の取り組みを明らかにすることを柱の1つとしている。このテーマを柱とする契機となった2つの農業経営体の事例をここで紹介しておこう。1つは、京都府綾部市で水稲作に取り組む家族経営体である。家族2世代4人が約30haの水田で水稲作をしているが、驚くべき点は地域の13集落300世帯から農地を預かり、地域の農地・農業資源の維持に取り組む使命感に燃える代表の姿である。その水田の枚数は400枚にも及び、遠いところでは片道1時間弱かかる水田も請け負う。印象深かったのが、「地域農地を守りたい使命感とこの綾部の地で育ててもらった恩とでここまで頑張ってきました。法人化もしていない個人の農家でも、ここまでできるんだというのを若い農業者に見せたいんや」という言葉である。法人化した企業的農業経営体だけでなく、多様な農業経営体の存在を重視してきた我々の想いを具現化しているかのような経営者の姿であった。

もう1つが、愛知県南知多町で大根作に取り組む20代の男性である。代表の実家は非農家であり、いわゆる非農家型新規就農者である。研修を受けた農業経営者の「つて」で確保できたのは20ａの畑一枚だけ。とても自立した生活をする規模ではなく、新たな農地の確保に奮闘するも、結局貸してもらえたのは耕作放棄地にしか見えない農地であった。後がない代表は、この耕作放棄地と化した農地の再生を決意し、近隣の肥料会社と協力し、草木の伐根から整地・土づくりと1年がかりで農地の再生を果たし、現在では3㏊の規模にまで経営は成長している。

この2つの事例は、今まさに我々が取り組むべき課題を見事に描いていると私は感じた。これまで、本書では「経営体としての力」を発揮するためにいかなる経営を作り上げていくのかを検討してきたが、それらは主に経営体内部の取り組みであった。しかし、この2つの事例にみられる農業生産資源の維持は、そのような枠組みでは捉えきれない動きである。このような動きを、昔ながらの使命感や後に引けない新規就農者の火事場の馬鹿力によるものと捉えるのではなく、農業生産資源の維持・保全に取り組む農企業の姿であると、本書を読み終えることで、より多くの人に感じていただければ、編者としてこの上ない喜びである。

「農企業」シリーズは、本書をもって一区切りとなるが、これまで農業経営の発展過程における現場での実践的な意思決定の生の声を収めているといった点を評価されてきた。「農企業」をめぐる「教育」「研究」「普及」

に取り組んできた、我々の活動の成果を的確に評価され、このうえなくうれしいことである。我々は、未来に向けた次世代型農業づくりを、より多くの人に向けて発信していきたいと考えており、我々の試みに、皆様のさらなるご指導をお願いする次第である。

最後になるが、講座の運営および本書の企画には、農林中央金庫、農林中金総合研究所、大学関係者、そして農業生産者と、多くの方にお世話になった。個別に名を記すことはできないが、改めて厚く御礼申し上げたい。

編著者を代表して

2020年1月

京都大学大学院農学研究科生物資源経済学専攻

川崎　訓昭

◇◆編　者◆◇

小田　滋晃（おだ　しげあき）　はじめに、第１章

京都大学大学院農学研究科教授

1954年生まれ。1984年より大阪府立大学農学部助手を経て、1993年京都大学農学部附属農業簿記研究施設講師、助教授、2004年より現職。専門は、農業経済学、農業経営学、農業会計学、農業情報学。農業生産の現場に軸足を置きつつ、農業及び農業関連産業における「ヒト、モノ、農地、カネ」の関係や有り様をアグリ・フード産業クラスター、六次産業化や農商工連携をキーワードにして研究を行っている。主な著書に『農業におけるキャリア・アプローチ』（編著、農林統計協会）、『ワインビジネス――ブドウ畑から食卓までつなぐグローバル戦略』（監訳、昭和堂）、「アグリ・フードビジネスの展開と地域連携」『農業と経済』第78巻第２号（昭和堂）。

横田　茂永（よこた　しげなが）　はじめに、第１章、第５章、第８章

京都大学大学院農学研究科特定准教授

1963年生まれ。一般社団法人ＪＣ総研（現・日本協同組合連携機構）主任研究員、一般社団法人全国農業会議所専門員等を経て現職。専門は、農業経済学。主な著書に『環境のための制度の構築――有機食品の認証制度を中心にして』（筑波書房、2012年）、『JA総研叢書６　農業の新人革命』（共著、農山漁村文化協会、2012年）。

川﨑　訓昭（かわさき　のりあき）　はじめに、第１章、第２章、第４章、おわりに

京都大学大学院農学研究科特定助教

1981年生まれ。京都大学農学部卒業、京都大学大学院農学研究科博士後期課程研究指導認定。2012年より現職。専門は、農業経営学、産業組織論。主な著書に『農業におけるキャリア・アプローチ（日本農業経営年報第７巻）』（共著、農林統計協会、2009年）。『農業構造変動の地域分析』（共著、農山漁村文化協会、2012年）。

◇◆執筆者◆◇　（五十音順）

飯田　海帆（いいだ　みほ）　第3章

福岡女子大学国際文理学部食・健康学科

1997年生まれ。福岡女子大学国際文理学部食・健康学科（管理栄養士養成課程）に在学中。

食料経済学研究室に所属し、栄養学的な視点から食料の生産・流通について学んでいる。

伊庭　治彦（いば　はるひこ）　第11章

京都大学大学院農学研究科准教授

1963年生まれ。全農札幌支所、滋賀県農業改良普及員、京都大学助手、神戸大学准教授を経て現職。専門は、農業経営学、農業組織論。著書に『地域農業組織の新たな展開と組織管理』（農林統計協会、2005年）、『農業・農村における社会貢献型事業論』（編著、農林統計出版、2016年）。

上西　良廣（うえにし　よしひろ）　第7章

農研機構 本部 企画戦略本部 農業経営戦略部 研究員

京都大学農学部卒業、京都大学大学院農学研究科修士課程を修了。2016年より農研機構の研究員。「コウノトリ育むお米」や「朱鷺と暮らす郷認証米」など生物多様性に配慮した栽培技術の普及をテーマとして研究している。主な著書に「新技術の先行導入者が技術普及に果たす役割」『「農企業」のリーダーシップ』（分担執筆、昭和堂、2017年）。

小林　康志（こばやし　やすし）　第6章

伊賀市産業振興部農林振興課長、特定非営利活動法人スタイルワイナリー代表理事

1963年生まれ。京都大学大学院農学研究科博士後期課程修了。博士（農学）。地域経済に関する研究を行っている。

新開　章司（しんかい　しょうじ）　第3章

福岡女子大学国際文理学部教授

1971年生まれ。米国ワシントン州立大学修士課程修了後、2001年九州大学大学院農学研究科博士課程修了。九州大学大学院農学研究院助手、福岡女子大学国際文理学部准教授などを経て、2016年より現職。専門は、食料経済学、農業経営学。主な著書に、堀田和彦・新開章司編著『企業の農業参入による地方創生の可能性――大分県を事例に』（共編著、農林統計出版、2016年）。

長命　洋佑（ちょうめい　ようすけ）　第12章

九州大学大学院農学研究院助教

2009年より日本学術振興会特別研究員（PD）、2012年京都大学大学院農学研究科特定准教授を経て、2014年より現職。専門は、農業経済学、農業経営学。主な著書に『農業経営の未来戦略Ⅰ　動きはじめた「農企業」（農業経営の未来戦略 1)』（共著、2013年、昭和堂）。

戸川　律子（とがわ　りっこ）　第13章

フランス高等師範学校日仏共同博士課程を経て、大阪府立大学大学院人間社会学研究科博士課程修了。博士（言語文化学）。主な著書に、『現代の食生活と消費行動』（共著、農林統計協会、2016年）。

南石　晃明（なんせき　てるあき）　第12章

九州大学大学院農学研究院教授

1983年農林水産省入省。農林水産省農業研究センター研究室長などを経て、2007年より現職。専門は、農業経済学、農業経営学、農業情報学。主な著書に『農業におけるリスクと情報のマネジメント』（農林統計出版、2011年）、『TPP時代の稲作経営革新とスマート農業――営農技術パッケージとICT活用』（南石晃明・長命洋佑・松江勇次［編著］、養賢堂、2016年）。

堀田　学（ほりた　まなぶ）　第10章

県立広島大学生命環境学部生命科学科准教授

1965年生まれ。京都大学大学院博士後期課程修了。博士（農学）。卸売市場、農産物直売所などの農産物流通、条件不利地域問題を中心とした研究を行っている。主なに『青果物卸売業者の機能と制度の経済分析』（農林統計協会、2000年）。

室屋　有宏（むろや　ありひろ）　第9章

桃山学院大学経営学部教授

1960年生まれ。東北大学大学院経済学研究科博士課程単位取得退学後、農林中央金庫、㈱農林中金総合研究所を経て、2016年桃山学院大学経営学部准教授、2017年より現職。

リラワニチャクル　アピチャヤ（Lilavanichakul, Apichaya）　第11章

カセサート大学（タイ）講師

主な業績に Lilavanichakul, A., Chaveesuk, R., and Kessuvan, A. 2018. Classifying Consumer Purchasing Decision for Imported Ready-to-eat Foods in China Using Comparative Models. *Journal of Asia-Pacific Business,* 19(4), 286-298.

地域を支える「農企業」——農業経営がつなぐ未来

2020年3月31日　初版第1刷発行

編著者　小田滋晃
横田茂永
川崎訓昭
発行者　杉田啓三

〒607-8494　京都市山科区日ノ岡堤谷町3-1
発行所　株式会社　昭和堂
振替口座　01060-5-9347
TEL（075）502-7500/ FAX（075）502-7501

印刷 亜細亜印刷

ISBN978-4-8122-1920-1
＊落丁本・乱丁本はお取り替えいたします
Printed in Japan